酱卤食品加工

宋孟迪　胡雅婕　主编

JIANGLU
SHIPIN
JIAGONG

化学工业出版社

·北京·

内 容 简 介

本书主要介绍酱卤食品的种类，酱卤食品生产常用原料、调味品、香辛料的名称、特点和预处理方法，发色剂、水分保持剂、增稠剂、乳化剂、抗氧化剂、着色剂等食品添加剂的名称、特点和选用原则。书中列举了酱制食品、卤制食品、白煮食品、糟制食品、蜜汁食品、糖醋食品的生产工艺与配方，酱卤料汁的调配与制作，生产过程的操作要点和注意事项等内容。书中内容通俗易懂，语言精练，读者容易理解掌握。

本书可作为酱卤食品生产企业技术人员的参考用书，也可供食品科学与工程、烹饪科学与工程相关专业的师生阅读。

图书在版编目（CIP）数据

酱卤食品加工 / 宋孟迪，胡雅婕主编. -- 北京：
化学工业出版社，2025. 7. -- ISBN 978-7-122-47996-9

Ⅰ．TS251.6

中国国家版本馆 CIP 数据核字第 2025S0F218 号

责任编辑：彭爱铭

责任校对：宋　玮　　　　　　　装帧设计：刘丽华

出版发行：化学工业出版社
　　　　　（北京市东城区青年湖南街 13 号　邮政编码 100011）
印　　装：河北延风印务有限公司
710mm×1000mm　1/16　印张 11¾　字数 207 千字
2025 年 8 月北京第 1 版第 1 次印刷

购书咨询：010-64518888　　　　　售后服务：010-64518899
网　　址：http://www.cip.com.cn
凡购买本书，如有缺损质量问题，本社销售中心负责调换。

定　　价：59.00 元　　　　　版权所有　违者必究

前言

民以食为天，在人类社会中，饮食始终占据着核心地位。随着民众生活质量的显著提升，人们的饮食观念正经历着深刻的变革，从单纯的满足口腹之欲，转向追求更加安全、便捷、营养且科学的饮食方式。在此背景下，快捷消费型酱卤食品行业展现出了前所未有的发展潜力，它不仅满足了现代人对美食的便捷追求，更契合了人们对饮食安全与营养均衡的深切期待。酱卤制品是将原料肉加入调味料和香辛料，以水为加热介质熟制而成的肉类制品。根据地区和风土人情的特点，形成了很多独特的地方特色传统酱卤制品。在浩瀚的饮食文化中，酱卤食品以其独特的风味、丰富的营养价值以及悠久的历史传承，成为了中华民族饮食智慧的重要组成部分。从古至今，无论是宫廷御膳还是民间小吃，酱卤食品都以其独有的魅力，穿梭于时间的长廊，连接着过去与现在，也承载着人们对美食的无尽追求与热爱。

基于对传统酱卤技艺的尊重与传承，结合现代食品科学与技术的最新成果。我们编写了本书。本书内容全面具体，条理清楚，通俗易懂，既具理论深度又富含实践指导价值。本书可供从事肉制品开发的科研技术人员、企业管理人员和生产人员学习参考，也可作为大中专院校食品科学与工程相关专业的实践教学参考用书。

本书由河南科技学院食品学院硕士生导师宋孟迪和信阳职业技术学院食品学院胡雅婕主编，由上海商学院酒店管理学院崔明晓、周口市产品质量检验检测中心孟媛媛担任副主编。其中宋孟迪负责第二、四章编写工作，并负责全书内容设计及统稿工作；胡雅婕负责第一、三、七章编写工作；崔明晓负责第六、八章编写工作，并参与第二、三章编写工作；孟媛媛负责第五章编写工作，并参与第一章编写工作。同时信阳农林学院曹蒙、河南科技学院裴有强和高海燕参与了部分资料查阅和文字整理编写工作。

本书在编写过程中吸纳了相关书籍之所长，并参考了大量文献，在此对原作者表示感谢。

由于作者水平有限，不当之处在所难免，希望读者批评指正。

编　者

2025 年 3 月

目录

第三章

酱制食品加工

第四章
卤制食品加工

第一章
概述

酱卤食品是将原料肉加入调味料和香辛料，以水为主要加热介质熟制而成的肉类制品，是中国典型的传统熟肉制品。酱卤食品作为快捷消费肉制品中的佼佼者，是通过独特的酱卤技法精心煮制而成，因其独特的风味与口感，深受我国广大消费者的青睐与喜爱。近年来，随着国民生活水平的显著提升以及饮食习惯的逐步转变，酱卤食品行业迎来了前所未有的发展机遇。这一趋势不仅反映了消费者对传统美食文化的持续热爱，也体现了现代人对便捷、美味与健康饮食日益增长的需求。

第一节　酱卤食品简介

一、酱卤食品起源与发展

1. 起源与早期发展

酱卤食品的起源可以追溯到古代中国。《周礼》一书中就详细描述了宫廷中的卤水制法，这种方法主要用于制作卤肉。这一时期的卤水制作技术相对原始，但已经奠定了酱卤食品的基础。随着时间的推移，卤水制作方法逐渐传播到民间，并被广泛应用于各种食材的加工。在秦汉时期，随着农业和手工业的发展，酱卤食品的制作技术得到了进一步的提升。人们开始使用更丰富的调料和香料来制作酱卤食品，使其口感更加独特且美味。同时，卤煮技术也开始在巴蜀地区广泛推广，卤制的食材制作方法从此开始盛行。

2. 唐宋时期的繁荣

到了唐宋时期，酱卤技术得到了显著的提升和广泛的传播。宋代时，卤料、酱料、糟料的配方已经相当成熟，卤制、糟制技术在饮食中得到了广泛运用。同时，随着诗歌文化的繁荣，卤味也成为了迁客骚人吟诗作赋的灵感伴侣，进一步推动了酱卤食品的发展和普及。

3. 明清时期的成熟与多样化

明清时期，酱卤食品逐渐走向成熟和多样化。各种卤水配方和制作技术在民间得到广泛传播，不少厨师通过总结实践经验，在传统卤水的基础上进行了创新和发展。明朝《饮膳正要》和《本草纲目》的问世，更是促进了朝野人士对食疗的重视，以能防病、治病、产生香味的药料入卤制成卤味食用，使得卤味在清代时期达到了巅峰，成为了宫廷贵族们的美食。

4. 近现代的发展与变革

到了近现代，随着食品工业的发展，酱卤食品逐渐实现了工业化生产，产品种类也更加丰富多样。同时，随着人们生活水平的提高和消费观念的转变，酱卤食品市场正经历着前所未有的变革。一方面，传统酱卤食品在口味、营养和食品安全等方面逐渐不能满足消费者的需求。因此，各大企业纷纷投入研发，致力于提升酱卤食品的品质和口感，同时保持其传统的风味特色。例如，通过添加各种天然调料和香料来丰富酱卤食品的口味和种类；通过真空包装和冷藏技术来延长酱卤食品的保质期和保持其新鲜度等。另一方面，随着消费趋势的变化，酱卤食品的佐餐属性受到了更多的关注。在消费场景的选择上，越来越多的消费者倾向于将酱卤食品作为正餐中的配菜出现。这一变化也促使酱卤食品企业更加注重产品的营养搭配和口感设计，以满足消费者的不同需求。

二、酱卤食品的分类及特点

1. 酱卤肉类食品

酱卤肉类食品是肉在水中加食盐或酱油等调味料和香辛料一起煮制而成的一类熟肉类制品，是酱卤食品中品种最多的一类，其风味各异，但主要制作工艺大同小异，只是在具体操作方法和配料的数量上有所不同。根据这些特点，酱卤肉类可划分为酱制食品、酱汁食品、卤制食品、蜜汁食品及糖醋食品五类。

（1）酱制食品　亦称红烧或五香制品，是酱卤肉类中的主要品种，也是酱卤肉类的典型产品。这类制品在制作中因使用了较多的酱油，以至于制品色深、味浓，故称酱制。又因煮汁的颜色和经过烧煮后制品的颜色都呈深红色，所以又称红烧制品。另外，由于酱制品在制作时加入了八角、桂皮、丁香、花椒、小茴香等香辛料，故有些地区也称这类制品为五香制品。

（2）酱汁食品　以酱制为基础，加入红曲米为着色剂，使用的糖量较酱制品多，在锅内汤汁将干、肉开始酥烂准备出锅时，将糖熬成汁直接刷在肉上，或将糖散在肉上，使制品具有鲜艳的樱桃红色。酱汁制品色泽鲜艳，口味咸中有甜且酥润。

（3）卤制食品　是先调制好卤制汁或加入陈卤，然后将原料放入卤汁中。开始用大火，待卤汁煮沸后改用小火慢慢卤制，使卤汁逐渐浸入原料，直至酥烂即成。卤制品一般多使用老卤。每次卤制后，都需对卤汁进行清卤（撇油、过滤、加热、晾凉），然后保存。陈卤使用时间越长，香味和鲜味越浓，产品特点是酥烂、香味浓郁。

（4）蜜汁食品　蜜汁制品的烧煮时间短，往往需油炸，其特点是块小，以带骨制品为多。蜜汁制品的制作中加入多量的糖分和红曲米水，方法有两种：第一种是待锅内的肉块基本煮烂，汤汁煮至发稠，再将白糖和红曲米水加入锅内。待糖和红曲米水熬至起泡发稠，与肉块混匀，起锅即成。第二种是先将白糖与红曲米水熬成浓汁，浇在经过油炸的制品上即成（油炸制品多带骨，如大排、小排、肋排等）。蜜汁制品表面发亮，多为红色或红褐色，蜜汁甜蜜浓稠。制品色浓味甜、鲜香可口。

（5）糖醋食品　方法基本同酱制，在辅料中须加入糖和醋，使制品具有甜酸的滋味。

2. 白煮肉食品

白煮也叫白烧、白切。是原料肉经（或未经）腌制后，在水（或盐水）中煮制而成的熟肉类制品。白煮肉类的主要特点是最大限度地保持了原料肉固有的色泽和风味，一般在食用时才调味。其特点是制作简单，仅用少量食盐，基本不加其他配料；基本保持原形原色及原料本身的鲜美味道；外表洁白，皮肉酥润，肥而不腻。白煮肉类以冷食为主，吃时切成薄片，蘸以少量酱油、芝麻油、葱花、姜丝、香醋等。其代表品种有白斩鸡、盐水鸭、白切猪肚、白切肉等。

3. 糟肉食品

糟肉是用酒糟或陈年香糟代替酱汁或卤汁制作的一类产品，具有独特的糟香。它是原料肉经白煮后，再用"香糟"糟制的冷食熟肉类食品。其主要特点是制品胶冻白净，清凉鲜嫩，保持原料固有的色泽和曲酒香气，风味独特。糟制品需要冷藏保存，食用时需添加冻汁，携带不便，因而受到一定的限制。糟肉类有糟肉、糟鸡、糟鹅等产品。

三、酱卤食品的发展趋势

1. 酱卤食品生产工艺现代化

传统酱卤食品采用煮制锅，经过老汤的调味，长时间煮制而成。原有加工工艺，生产效率低下，煮制时间长。所以必须对传统酱卤食品的加工工艺进行改造，使生产工艺科学化，生产设备现代化，生产管理规范化，以便于进行批量生产。

2. 开发新型营养酱卤食品

随着人们生活水平和健康意识的提高，对肉制品的数量需要逐渐转向对质的追求，肉制品的质量和保健功能将上升为首要地位。其中能充分发挥对人体有效的功能因子的作用，具特殊营养生理特性，可强身健体或防病治病的功能性食品前景被看好，如低脂低能肉制品、低钠盐肉制品、低硝盐肉制品、不饱和脂肪酸强化肉制品和食物纤维强化肉制品等。

3. 发展休闲化的酱卤食品

随着经济的发展，受过良好教育、有广阔视野、追求时尚、喜欢休闲享乐且手头宽裕的年轻消费群体已经成型，未来的肉制品消费也必然带着他们的休闲消费痕迹。为了开发休闲化的酱卤食品，必须进行风味化的多样化、食用方法的多样性、产品外观设计的多样性及规格的多样性。

第二节　酱卤食品加工原理

酱卤食品中，酱与卤两种制品所用原料及原料处理过程相同，但在煮制方法和调味材料上有所不同，所以产品的特点、色泽、风味也不相同。在煮制方法上，卤制品通常将各种辅料煮成清汤后将肉块下锅以旺火煮制；酱制品则和各辅料一起下锅，大火烧开，文火收汤，最终使汤形成浓汁。在调料使用上，卤制品主要使用盐水，所用香辛料和调味料数量不多，故产品色泽较淡，突出原料的原有色、香、味；而酱制品所用香辛料和调味料的数量较多，故酱香味浓。酱卤食品因加入调料的种类、数量不同又有很多品种。酱卤食品的加工方法主要是两个过程，一是调味，二是煮制（酱制）。

一、酱制与卤制机理

煮制是酱卤食品加工中主要的工艺环节。其目的是改善感官性质，使肉黏着、凝固，产生与生肉不同的硬度、齿感、弹力等物理变化，固定制品的形态，使制品具有切片性，并产生特有的香味、风味。煮制能杀死微生物和寄生虫，提高制品的安全性和耐保存性，稳定肉的色泽。加热的介质有水、蒸汽等，在加热过程中，原料肉及其辅料都要发生一系列的变化。肌肉温度达到50℃时蛋白质开始凝固；60℃时肉汁开始流出；70℃时肉凝结收缩，肌肉由红色变灰白色；80℃呈酸性反应时，结缔组织开始水解，胶原蛋白转变为可溶于水的明胶，各肌束间的联结减弱，肉变软；90℃稍长时间煮制，蛋白质凝固硬化，盐类及浸出物由肉中析出，肌纤维强烈收缩，肉反而变硬；继续煮沸（100℃），蛋白质、碳水化合物部分水解，肌纤维断裂，肉被煮熟（烂）。在煮制时少量可溶性蛋白质进入肉汤中，受热凝固，成乌灰色泡沫，浮于肉汤表面，虽然它具有较好的营养价值，但因影响热的传递及制品味道，在传统煮制加工中，往往把它撇掉。肉汤中的全部干物质（从肉中溶出的，不包括添加的）达肉重的 2.5%～3.5%，主要是含氮浸出物和盐类，再加上调味料，将对酱卤食品呈味起主要作用。肉在煮制过程中将发生如下变化。

1. 重量减轻

煮制可使肉质收缩、凝固、变硬或软化。通过加热，一方面使蛋白质凝固，提高肉的硬度，肉质收缩，质量减轻；另一方面可使结缔组织蛋白软化，产生香味，稳定肉的颜色。这些变化都是由于一定的加热温度及时间，使肉产生一系列的物理化学变化导致的。肉类在煮制过程中最明显的变化是失去水分、质量减轻。

为了减少煮制造成的肉类营养物质损失，提高产品出品率，需将原料肉放入沸水中经短时间预煮，可使产品表面的蛋白质立即凝固，形成保护层。用 150℃以上的高温油炸，亦可减少营养成分的流失。

2. 肌肉蛋白质的热变性

肉在加热煮制过程中，肌肉蛋白质发生热变性凝固，引起肉汁分离，体积缩小变硬，同时肉的保水性、pH 值、酸碱性基团及可溶性蛋白质发生相应的变化。

（1）加热温度和变性　肌肉蛋白质的热变性表现为肉的保水性、硬度、pH、酸碱性基团以及可溶性蛋白质含量的变化，随着温度的上升所发生的变化归纳如下。

① 20～30℃时，肉的保水性、硬度、可溶性都没有发生变化。

② 30～40℃时，随着温度上升保水性缓慢地下降。从 30～35℃开始凝固，硬度增加，蛋白质的可溶性、ATP 酶的活性也产生变化。

③ 40～50℃时，保水性急剧下降，硬度也随温度的上升而急剧增加，等电点移向碱性方向，酸性基团特别是羧基减少。

④ 50～55℃时，保水性、硬度、pH 值等暂时停止变化，酸性基团停止减少。

⑤ 55～80℃时，保水性又开始下降，硬度增加，pH 值降低，酸性基团又开始减少，并随着温度的上升各有不同程度的加剧，但变化的程度不像在 40～50℃范围内那样强烈，尤其是硬度增加和可溶性物质减少的幅度不大。到 60～70℃肉的热变性基本结束；80℃以上开始生成硫化氢，影响肉的风味。显然，蛋白质受热变性时发生分子结构的变化，使蛋白质的某些性质发生根本改变，更易于受胰蛋白酶的分解作用，容易被消化吸收。

（2）加热时间和变性　在热变性温度范围内，肉的蛋白质迅速变性，但不同温度条件下，其变化的速度不同。如保水性变化，在30℃时几乎没有变化，但温度达到50℃和70℃时，在24 h之内就发生了显著的变化。到90℃时只要瞬间就产生变化，而加盐后其保水性变化减慢，即使到50℃变化仍很平缓。

3. 结缔组织的变化

结缔组织对加工制品的形状、韧性等有重要影响。通常肌肉中结缔组织含量越多，肉质就越坚韧，但在70℃以上水中长时间煮制，结缔组织多的反而比结缔组织少的肉质柔嫩，这是由于结缔组织受热软化的程度对肉的柔嫩起着更为突出作用的缘故。

结缔组织中的蛋白质主要是胶原蛋白和弹性蛋白，一般加热条件下弹性蛋白几乎不发生变化，主要是胶原蛋白的变化。

肉在水中煮制时，由于肌肉组织中胶原纤维在动物体不同部位的分布不同，肉发生收缩变形情况也不一样。当加热到64.5℃时，其胶原纤维在长度方向可迅速收缩到原长度的60%。因此肉在煮制时收缩变形的大小是由肌肉结缔组织的分布所决定的。同样，在70℃条件下，沿着肌肉纤维纵向切下，不同部位，其收缩程度也不一样。

煮制过程中随着温度的升高，胶原蛋白吸水膨润而成为柔软状态，机械强度降低，逐渐转变为可溶性的明胶。胶原蛋白转变成明胶的速度，虽然随着温度升高而增加，但只有在接近100℃时才能迅速转变，同时亦与沸腾的状态有关，沸腾得越激烈转变得越快。同样大小的牛肉块随着煮制时间的不同，不同部位胶原蛋白转变成明胶的数量也有差异。因此，在加工酱卤食品时应根据肉体的不同部位和加工产品的要求合理使用。

4. 脂肪组织的变化

脂肪组织由疏松结缔组织中充满脂肪细胞构成，其中结缔组织形成脂肪组织的框架，并包围着脂肪细胞。脂肪细胞的大小根据动物的种类、营养状态、组织部位不同而异。加热时脂肪熔化，包围脂肪滴的结缔组织由于受热收缩使脂肪细胞受到较大的压力，细胞膜破裂，脂肪熔化流出。从脂肪组织中流出脂肪的难易，由包着脂肪的结缔组织膜的厚度和脂肪的熔点决定。

脂肪中不饱和脂肪酸越多，则熔点越低，脂肪越容易受热流出。牛和羊的脂肪含不饱和脂肪酸少，熔点较高；而猪和鸡的脂肪含不饱和脂肪酸多，熔点较低，故猪和鸡的脂肪易受热流出，随着脂肪的流出，与脂肪相关连的挥发性化合物则会给肉和肉汤增补香气。

肉中的脂肪煮制时会分离出来，不同动物脂肪所需的温度不同，牛脂为42～52℃，羊脂为44～55℃，猪脂为28～48℃，禽脂为26～40℃。

脂肪在加热过程中有一部分发生水解，生成甘油和脂肪酸，因而使酸价有所增高，同时也发生氧化作用，生成氧化物和过氧化物。加热水煮时，如肉量过多或剧烈沸腾，易形成脂肪的乳化，使肉汤呈浑浊状态。在肉汤贮存过程中，脂肪易于被氧化，生成二羧基酸类，而使肉汤带有不良气味。

5. 香气变化

香气是由挥发性物质产生的，生肉的香味很弱，但加热之后，不同种类动物肉都会产生很强烈的特有风味。通常认为，这是由于加热导致肌肉中的水溶性成分和脂肪的变化造成的。肉的香气成分与氨、硫化氢、羰基化合物、低级脂肪酸等有关。肉的风味在一定程度上因加热的方式、温度和时间不同而不同。煮制时加入香辛料、糖、谷氨酸等添加物也会改善肉的风味。但是，尽管肉的风味受复杂因素的影响，主要还是由肉的种类差别所决定。不同种类肉的风味呈味物质有许多相同的部分，主要是水溶性物质、氨基酸、小肽和低分子的碳水化合物之间进行反应的一些生成物，而不同部分是肉类的脂肪和脂溶性物质加热所形成，如羊肉的膻味是由辛酸和壬酸等低级饱和脂肪酸所致。

6. 浸出物的变化

肉在煮制时浸出物的成分是复杂的，其中主要是含氮浸出物、游离氨基酸、肽的衍生物、嘌呤等。其中以游离氨基酸最多，如谷氨酸等，它具有特殊的芳香气味，当浓度达到 0.08% 时，即会出现肉的特有鲜味。此外如丝氨酸、丙氨酸等也具有香味，成熟的肉所含的游离状态的次黄嘌呤，也是形成肉特有芳香气味的主要成分。

肉在煮制过程中可溶性物质的分离受很多因素影响。首先是由动物肉的性质所决定，如种类、性别、年龄以及动物的肥瘦等；其次是受肉的冷加工方法的影响，如冷却肉还是冷冻肉，自然冻结还是人工机械制冷冻结，此外，不同部位的浸出物也不同。

肉在煮制过程中分离出的可溶性物质不仅和肉的性质有关，而且也受加热过程中的一系列因素影响，如下水前水的温度、肉和水的比例、煮沸的状态、肉块的大小等。通常是浸在冷水中煮沸的损失多，热水中损失少；强烈沸腾的损失多，缓慢煮沸的损失少；水越多，可溶性物质损失的越多；肉块越大，损失越少。

7. 颜色的变化

肉的颜色受加热方法、时间、温度的影响而呈现不同的变化。当水温在 60℃ 以下时，肉色几乎不发生明显变化，65～70℃ 时，肉变成桃红色，再提高温度则变为淡灰色，在 75℃ 以上时，则完全变为褐色。这种变化是由于肌肉中的肌红蛋白受热逐渐发生变性造成的。

肌红蛋白变性之后成为不溶于水的物质。肉类在煮制时，一般都以沸水下锅好，一方面使肉表面蛋白质迅速凝固，阻止了可溶性蛋白质溶入汤中；另一方面可以减少大量的肌红蛋白溶入汤中，保持肉汤的清澈、透明。肉加热时，肉色褐变也与碳水化合物的焦化和还原糖与氨基酸之间产生美拉德反应有关，特别是猪肉更明显。

8. 维生素的变化

肌肉与脏器组织中含有丰富的 B 族维生素，如硫胺素、核黄素、烟酸、维生素 B_6、生物素、叶酸及维生素 B_{12}。肝脏中还含有大量的维生素 A 和维生素 D。在加热过程中通常维生素的含量降低，损失的量取决于加热的程度和维生素的敏感性。硫胺素对热不稳定，加热时在碱性环境中被破坏，但在酸性环境中比较稳定，炖肉时可损失 60％～70％的硫胺素和 26％～42％的核黄素。

猪肉及牛肉在100℃水中煮沸 1～2 h 后，吡哆醇损失量多；猪肉在120℃灭菌 1 h，吡哆醇损失 61.5％，牛肉吡哆醇损失 63％。

二、酱卤食品一般加工方法

1. 调味及其方法

（1）调味概念　调味就是根据不同品种、不同口味加入不同种类或数量的调味料，加工成具有特定风味的产品。如南方人喜爱甜则在肉制品加工时多加些糖，北方人吃得咸则多加点盐，广州人注重醇香味则多放点酒。

（2）调味方法　调味的方法根据加入调料的作用和时间，大致可分为基本调味、定性调味和辅助调味三种。

① 基本调味　在原料整理后未加热前，用盐、酱油或其他辅料进行腌制，奠定产品的风味叫基本调味。

② 定性调味　原料下锅加热时，随同加入的辅料如酱油、酒、香辛料等，决定产品的风味叫定性调味。

③ 辅助调味　在产品即将出锅时加入糖、味精等，以增加产品的色泽和鲜味，叫辅助调味。加热煮熟后的辅助调味是制作酱卤肉制品的关键步骤。必须严格掌握调料的种类、数量以及投放的时间。

2. 煮制火力

在煮制过程中，根据火焰的大小强弱和锅内汤汁情况，可分为大火、中火、小火三种。

（1）大火　又称旺火、急火等。大火的火焰高强而稳定，锅内汤汁剧烈沸腾。

（2）中火　又称温火、文火等。火焰较低弱而摇晃，锅内汤汁沸腾，但不强烈。

（3）小火　又称微火。火焰很弱而摇晃不定，锅内汤汁微沸或缓缓冒气。

火力的运用，对酱卤食品的风味及质量有一定的影响，除个别品种外，一般煮制初期用大火，中后期用中火和小火。大火烧煮的时间通常较短，其主要作用是尽快将汤汁烧沸，使原料初步煮熟。中火和小火烧煮的时间一般比较长，其作用是使肉品变得酥润可口，同时使配料渗入肉的深部，达到内外品味一致的目的。加热时火候和时间的掌握对肉制品质量有很大影响，需特别注意。

3. 酱卤食品制作方法和技术

煮制是酱卤食品的主要加工环节，各种酱卤食品的煮制方法大同小异，一般制作方法如下。

（1）清煮、红烧　煮制在酱卤食品加工中煮制方法包括清煮（白烧）和红烧。

清煮又称预煮、白煮等，其方法是将整理后的原料肉投入沸水中，汤中不加任何调味料，用较多的清水进行煮制。清煮的目的主要是去掉肉中的血水和肉本身的腥味或气味，在红烧前进行，清煮的时间因原料肉的形态和性质不同有异，一般为15～40 min。清煮后的肉汤称白汤，清煮猪肉的白汤可作为红烧时的汤汁基础再使用，但清煮牛肉及内脏的白汤除外。

红烧又称红锅。其方法是将清煮后的肉放入加有各种调味料、香辛料的汤汁中进行烧煮，是酱卤食品加工的关键性工序。红烧不仅可使制品加热至熟，更重要的是使产品的色、香、味及产品的化学成分有较大的改变。红烧的时间，随产品和肉质不同而异，一般为1～4 h。红烧后剩余之汤汁叫老汤或红汤，要妥善保存，待以后继续使用。加入老汤进行红烧，使肉制品风味更佳。无论是清煮或红烧，对形成产品的色、香、味、形以及成品的化学成分的变化都有决定性的影响。

另外，油炸也是某些酱卤食品的制作工序之一，如烧鸡等。油炸的目的是使制品色泽金黄，肉质酥软油润，还可使原料肉蛋白质凝固，排除多余的水分，肉质紧密，使制品造型定型，在酱制时不易变形。油炸的时间一般为5～15 min。多数在红烧之前进行。但有的制品则经过清煮、红烧后再进行油炸，如北京月盛斋烧羊肉等。

（2）宽汤、紧汤　在煮制过程中，原料肉会有部分营养成分随汤汁而流失。因此，煮制过程中汤汁的多少与产品质量有一定关系。煮制时加入的汤，根据数量多少，分宽汤和紧汤两种煮制方法。宽汤煮制是将汤加至和肉的平面基本相平或淹没肉体，适用于块大、肉厚的产品，如卤肉等；紧汤煮制加入的汤应低于肉平面的1/3～1/2，紧汤煮制方法适用于色深、味浓的产品，如酥骨肉、蜜汁小肉、酱汁肉等。

（3）白拆、红汤　白拆，亦称"出水""白锅""水锅"，也有的地区称"浸水"，这是辅助性的煮制工序，其作用是消除膻腥气味。白拆方法是将成形原料肉投入沸水锅中进行加热，加以翻拌、捞出浮油、血沫和杂质。白拆时间随产品的形状大小而异，一般为10～20 min至1 h左右。白拆时的肉汤，味鲜量多的称为白汤。要将其妥为保存，红烧时使用白拆所产生的鲜汤作为汤汁的基础。红烧时剩余的汤汁，待以后继续使用的称为老汤（老卤）或红汤。老汤越用越陈，应注意保管和使用。老汤应置于有盖的容器中，防止生水和新汤掺入。否则，应随时回锅加热，以防变质。如在夏天，应经常检查质量。老汤由于不断使用，其性能和成分经常变化，使用时应注意其咸淡程度，酌量减少配料数量。

（4）火候　掌握火候是酱卤食品加工的重要环节。火候的掌握，包括火力和加热时间的控制。

在实际工作中，对旺火的标准和掌握大多一致，对文火、微火的标准，则随操作习惯各异。除个别品种外，各种产品加热时的火力，一般都是先旺火后文火。旺火的时间比较短，其作用是将生肉煮熟，但不能使肉酥烂。文火的时间一般比较长，其作用在于使肉酥烂可口，使配料逐步渗入产品内部，达到内外咸淡均匀的目的。有的产品在加入砂糖后，往往再用旺火，其目的在于使砂糖熔化。卤制内脏时，由于口味要求和原料鲜嫩的特点，在加热过程中，自始至终采用文火烧煮法。

目前，许多酱卤食品生产厂家早已使用夹层釜取代普通锅进行生产，利用蒸汽加热，加热程度可通过液面沸腾的状况或由温度指示来决定，从而生产出优质的肉制品。

加热的时间和方法随原料肉的品种而异。产品体积大，块头大，其加热时间一般都比较长。反之，就可以短一些，但必须以产品煮熟为前提。产品不熟或者里生外熟，非但不符合质量要求，而且也影响食用安全。

第二章
酱卤食品加工
原辅料及添加剂

第一节　原料肉

一、肉品基础知识

1. 肉的颜色

肉之所以是红色，是因为肉中含有显红色的肌红蛋白和血红蛋白。血液中血红蛋白含量的多少，与肉的颜色有直接关系。但肉的固有红色是由肌红蛋白的色泽所决定的，肉的色泽越暗，肌红蛋白越多。肌红蛋白在肌肉中的数量随动物生前组织活动的状况、动物的种类、年龄不同而异。凡是生前活动频繁的部位，肌肉中含肌红蛋白的数量就多，肉色红暗。不同种动物的肌红蛋白含量不同，使得肌肉的颜色不同；同一种动物年龄不同，肌肉的色泽相差也很明显。牧放的动物比圈养的动物体内的肌红蛋白含量高，故色泽发暗。高营养状态和含铁质少的饲料所饲养的动物，肌肉中肌红蛋白少，肌肉色泽较淡。

肉在空气中放置一定时间，会发生由暗红色→鲜红色→褐色的变化。这是由于肌红蛋白受空气中不同程度氧的作用而导致的颜色变化。

鲜艳的红色：肌红蛋白＋氧→氧合肌红蛋白。

褐色：肌红蛋白被强烈氧化→氧化肌红蛋白（当氧化肌红蛋白超过 50％时，肉色呈褐色）。

除此之外，在个别情况下肉有变绿、变黄、发荧光等情况，这是由于细菌、霉菌的繁殖，使蛋白质发生分解而导致的。

未经腌制的肉在加热时，因肌红蛋白受热变性，不具备防止血红素氧化的作用，使血红素很快被氧化成灰褐色。加热的温度不同，肉的颜色变化也不同。

鲜肉加硝酸盐或亚硝酸盐腌制一段时间后，肌红蛋白与亚硝酸根经过复杂的化学反应，生成亚硝基（NO）肌红蛋白，具有鲜亮的棕红色色泽。在加热时，尽管肌红蛋白发生变性，但亚硝基肌红蛋白结构非常牢固，难以解离，故仍维持棕红色。

2. 肉的风味

肉的风味又称肉的味质，指的是生鲜肉的气味和加热后熟肉制品的香气和滋味。它是肉中固有成分经过复杂的生物化学变化，产生各种有机化合物所致。其特点是成分复杂多样，含量甚微，用一般的方法很难测定，除少数成分外，多数无营养价值，不稳定，加热易破坏和挥发。呈味性能与其分子结构有关，呈味物质均具有各种发香基团，如羟基、羧基、醛基、羰基、巯基、酯基、氨基、酰胺基等。这些肉的味质是通过人的高度灵敏的嗅觉和味觉器官而感受到的。

（1）气味 气味是肉中具有挥发性的物质，随气流进入鼻腔，刺激嗅觉细胞通过神经传导反应到大脑嗅区而产生的一种刺激感。愉快感为香味，厌恶感为异味、臭味。气味的成分十分复杂，约有 1000 多种，主要为醇、醛、酮、酸、酯、醚、呋喃、吡咯、内酯、糖类及含氮化合物等。肉香味化合物的产生主要有三个途径。

① 氨基酸与还原糖间的美拉德反应。

② 蛋白质、游离氨基酸、糖类、核苷酸等物质的热降解。

③ 脂肪的氧化作用。

动物的种类、性别、饲料等对肉的气味有很大影响。生鲜肉散发一种肉腥味，羊肉有膻味，狗肉有腥味，晚去势或未去势的公猪、公牛及母羊的肉有特殊的性气味，在发情期宰杀的动物肉散发出令人厌恶的气味。

某些特殊气味，如羊肉的膻味，来源于挥发性低级脂肪酸，如 4-甲基辛酸、癸酸等，存在于脂肪中。

动物食用鱼粉、豆粕、蚕饼等食物会影响肉的气味，饲料中的硫化物会转入肉内，发出特殊的气味。

肉在冷藏时，微生物繁殖于肉表面形成菌落，使肉发黏，而后产生明显的不良气味。长时间冷藏，脂肪自动氧化，解冻肉汁液流失，肉质变软，使肉的风味降低。

肉在不良环境中贮藏或和带有挥发性物质如葱、鱼、药物等混合贮藏时，会吸收外来异味。

（2）滋味 滋味是由溶于水的可溶呈味物质刺激人的舌面味觉细胞味蕾，通过神经传导到大脑而反应出味感。舌面分布的味蕾，可感觉出不同的味道，而肉香味是靠舌的全面感觉。

肉的鲜味成分，来源于核苷酸、氨基酸、酰胺、有机酸、糖类、脂肪等前体物质。成熟肉风味的增加，主要是核苷类物质及氨基酸变化显著。牛肉的风味来自半胱氨酸成分较多，猪肉的风味可从核糖、胱氨酸获得。牛、猪、绵羊的瘦肉所含挥发性的香味成分，主要存在于肌间脂肪中。

（3）芳香物质　生肉不具备芳香性，烹调加热后一些芳香前体物质经脂肪氧化、美拉德褐变反应以及硫胺素降解产生挥发性物质，赋予熟肉芳香性。据测定，芳香物质的 90% 来自于脂质反应，其次是美拉德反应，硫胺素降解产生的风味物质比例最小。虽然后两者反应所产生的风味物质在数量上不到 10%，但并不能低估它们对肉风味的影响，因为肉风味主要取决于最后阶段的风味物质。

（4）呈味物质的产生途径

① 美拉德反应　人们较早就知道将生肉汁加热就可以产生肉香味，通过测定成分的变化发现在加热过程中随着大量的氨基酸和绝大多数还原糖的消失，一些风味物质随之产生，这就是所谓的美拉德反应：氨基酸和还原糖反应生成香味物质。

② 脂质氧化　脂质氧化是产生风味物质的主要途径，不同种类风味的差异也主要是由于脂质氧化产物不同所致。肉在烹调时的脂肪氧化（加热氧化）原理与常温脂肪氧化相似，但加熟氧化由于热和能的存在使其产物与常温氧化大不相同。总的来说，常温氧化产生酸败味，而加热氧化产生风味物质。

一些脂肪分解产物还参与美拉德反应生成更多的芳香物质。因为此反应只需要羰基和氨基，所以脂肪加热氧化所产生各种醛类为美拉德反应提供了大量底物。一些长侧链杂环芳香物质就是来自于氨基酸和来自于脂肪的羰基经美拉德反应生成，如由 2,4-癸二烯醛和胱氨酸反应生成的芳香物质就不少于 20 种。

③ 硫氨素降解　肉在烹调过程中有大量的物质发生降解，其中硫胺素（维生素 B_1）降解所产生的硫化氢对肉的风味，尤其是牛肉味的生成至关重要。H_2S 本身是一种呈味物质，更重要的是它可以与呋喃酮等杂环化合物反应生成含硫杂环化合物，赋予肉强烈的香味，其中 2-甲基-3-呋喃硫醇被认为是肉中最重要的芳香物质。

④ 腌肉风味　亚硝酸盐是腌肉的主要特色成分，它除了具有发色作用外，对腌肉的风味也有重要影响。大量研究发现腌肉的芳香物质色谱要比其他肉要简单得多，其中腌肉中少去的大都是脂肪氧化产物，因此推断亚硝酸盐抑制了脂肪的氧化，所以腌肉体现了肉的基本滋味和香味，减少了脂肪氧化所产生的具有种类特色的风味以及过热味，后者也是脂肪氧化产物所致。

3. 肉的保水性

肉的保水性是指肉在加工过程中，肉本身的水分及添加到肉中水分的保持能力。保水性的实质是肉的蛋白质形成网状结构，单位空间以物理状态所捕获的水分量的反映，捕获水量越多，保水性越大。因此，蛋白质的结构不同，必然影响肉的保水性变化。

肉的保水性，按猪肉、牛肉、羊肉、禽肉次序降低。刚屠宰 1～2 h 的肉保水能力最高，在尸僵阶段的肉，保水能力最低，至成熟阶段保水性又有所提高。

提高肉的保水性能，在肉制品生产中具有重要意义，通常采用以下四种方法。

（1）加盐先行腌渍　未经腌制的肌肉中蛋白质处于非溶解状态，吸水力弱。经腌制后，由于受盐离子的作用，从非溶解状态变成溶解状态，从而大大提高保水能力。

（2）提高肉的 pH 值至接近中性　一般采用添加低聚度的碱性复合磷酸盐（焦磷酸钠、六偏磷酸钠、三聚磷酸钠及其混合物）来提高肉的 pH 值。其具有以下几个功能：

① 提高 pH 值，增加蛋白质的带电量，提高其亲水性。

② 与肉中的钙、镁离子发生螯合，使蛋白质结构松弛，增加吸水性。

③ 有利于肌动球蛋白解离成肌动蛋白和肌球蛋白，后者的亲水性比结合状态的亲水性高得多。

④ 六偏磷酸钠在煮制加热时能加速蛋白质的凝固，表面蛋白一经凝固，制品内部的水分就不易渗出，从而保持较多的水分。

（3）用机械方法提取可溶性蛋白质　肉块经适当腌制后，再经过机械的作用，如绞碎、斩剁、搅拌或滚揉等机械方法，即可把肉中盐溶蛋白提取出来。盐溶蛋白是一种很好的乳化剂，它不仅能提高保水性，而且能改善制品的嫩度，增加黏结度及弹性。

（4）添加大豆蛋白　大豆蛋白遇水膨胀，结构松弛，本身能吸收 3～5 倍的水；大豆蛋白与其他添加物和提取的盐溶蛋白组成乳浊液，遇热凝固起到吸油、保水的作用。

制馅过程中要添加凉水或冰屑，一般添加量为瘦肉量的 15%～20%，可不致影响肉制品的黏结性及弹性。如需添加更多的水，则需借助大豆蛋白、淀粉、明胶、卡拉胶等吸水辅料。

4. 肉的嫩度

（1）肉嫩度的含义

① 肉对舌或颊的柔软性　即当舌头与颊接触肉时产生的触觉反应。肉的柔软性变动很大，从软乎乎的感觉到木质化的结实程度。

② 肉对牙齿压力的抵抗性　即牙齿插入肉中所需的力。有些肉硬得难以咬动，而有的柔软得几乎对牙齿无抵抗性。

③ 咬断肌纤维的难易程度　指的是牙齿切断肌纤维的能力，首先要咬破肌

外膜和肌束，这与结缔组织的含量和性质密切相关。

④ 咬碎程度　用咀嚼后肉渣剩余的多少以及咀嚼后到下咽时所需的时间来衡量。

（2）影响肌肉嫩度的因素　影响肌肉嫩度的实质主要是结缔组织的含量和性质及肌原纤维蛋白的化学结构状态。它们受一系列的因素影响而变化，从而导致肉嫩度的变化。

① 宰前因素对肌肉嫩度的影响

a. 畜龄　一般来说，幼龄家畜的肉比老龄家畜的肉嫩，但前者的结缔组织含量反而高于后者。其原因在于幼龄家畜肌肉中胶原蛋白的交联程度低，易受加热作用而裂解。而成年动物的胶原蛋白交联程度高，不易受热和酸、碱等的影响。如肌肉加热时胶原蛋白的溶解度，犊牛为 $19\%\sim24\%$，2 岁阉公牛为 $7\%\sim8\%$，而老龄牛仅为 $2\%\sim3\%$，并且对酸解的敏感度也降低。

b. 肌肉的解剖学位置　牛的腰大肌最嫩，胸头肌最老。经常使用的肌肉，如半膜肌和股二头肌，比不经常使用的肌肉的弹性蛋白含量多。同一肌肉的不同部位嫩度也不同，猪背最长肌的外侧比内侧部分要嫩。牛的半膜肌从近端到远端嫩度逐渐降低。

c. 营养状况　凡营养良好的家畜，肌肉脂肪含量高，大理石纹丰富，肉的嫩度好。肌肉脂肪有冲淡结缔组织的作用，而消瘦动物的肌肉脂肪含量低，肉质老。

② 宰后因素对肌肉嫩度的影响

a. 尸僵和成熟　宰后尸僵发生时，肉的硬度会大大增加。肌肉发生异常尸僵时，如冷收缩和解冻僵直，肌肉会发生强烈收缩，从而使硬度达到最大。一般肌肉收缩，短缩度达到 40% 时，肉的硬度最大。尸僵解除后，随着成熟的进行，硬度降低，嫩度随之提高，这是由于成熟期间尸僵硬度逐渐消失，Z 线易于断裂的缘故。

b. 加热处理　加热对肌肉嫩度有双重效应，它既可以使肉变嫩，又可使其变硬，这取决于加热的温度和时间。加热可引起肌肉蛋白的变性，从而发生凝固、凝集和短缩现象。当温度在 $65\sim75℃$ 时，肌肉纤维的长度会缩短 $25\%\sim30\%$，从而使肉的嫩度降低，但另一方面，肌肉中的结缔组织在 $60\sim65℃$ 会发生短缩，而超过这一温度会逐渐转变为明胶，使肉的嫩度得到改善。结缔组织中的弹性蛋白对热不敏感，所以有些肉虽然经过长时间的煮制仍很老（硬），这与肌肉中弹性蛋白的高含量有关。

为了兼顾肉的嫩度和滋味，对各种肉的煮制中心温度建议为：猪肉为 $77℃$，鸡肉为 $77\sim82℃$，牛肉按消费者的嗜好分为四级：半熟为 $58\sim60℃$，中等半熟

为 $66\sim68℃$，中等熟为 $73\sim75℃$，熟为 $80\sim82℃$。

③电刺激　电刺激提高肉嫩度的机制尚未充分明了，主要是加速肌肉的代谢，从而缩短尸僵的持续期并降低尸僵的程度。此外，电刺激可以避免羊胴体和牛胴体产生冷收缩。

④酶　利用蛋白酶可以嫩化肉，常用的酶为植物蛋白酶，主要有木瓜蛋白酶、菠萝蛋白酶和无花果蛋白酶。酶对肉的嫩化作用主要是蛋白质的裂解所致，所以使用时应控制酶的浓度和作用时间，如酶解过度，则食肉会失去应有的质地并产生不良的味道。

⑤机械方法处理　改变肉的纤维结构。

5. 肉的结构

通过肉眼所观察到的肉的组织结构，其好坏主要通过肉的纹理的粗细、肉断面的光滑程度、脂肪存在量和分解程度来判断。一般认为，纹理细腻，断面光滑，脂肪细腻且分布均匀，即呈大理石纹状的肉为好。

肉的结构好坏主要是按硬度、黏着度、黏性、弹性、附着性、脆度、咀嚼性等特性进行综合评价的。

二、原料肉的种类和选择

原料肉的种类和选择对酱卤食品的风味、口感、营养价值以及加工特性等均有显著影响。

1. 原料肉的种类

(1) 猪肉类　猪的品种有 100 多种，按其经济类型可分为脂用型、腌卤型（加工型）、肉用型三种。

①脂用型　这类猪的胴体脂肪含量较多。但因人们对脂肪需求的下降，其销路不好，另外，在肉类加工中，肥膘越多，肉的利用率越低，成本越高，越缺乏竞争力。这类品种猪有东北猪、新金猪和哈白猪。

②肉用型　肉用型猪介于脂用型猪和加工型中间，肥育期不沉积过多的脂肪，瘦肉多，肥膘少，无论是消费者、销售者或肉品加工厂都乐于选用。这类品种如丹麦长白猪、改良的约克夏猪和金华猪。

③加工型　这类猪与前两者相比，肥肉更少，瘦肉更多，可利用于加工肉制品的肉更多，是肉制品加工厂首选猪种。从丹麦引进的兰德瑞斯猪，其身躯长，身体匀称，臀部丰满，肥肉少，瘦肉多，用于加工的肉比例高，且生长快，繁殖率高，是一种较理想的加工型猪。

(2) 牛肉类　肉用牛主要品种为黄牛，分布广，各省市自治区均有饲养，黄牛的主要产区是内蒙古自治区和西北各省，近年来山东、河南也大量引进国外牛种进行饲养。我国肉用牛品种主要有以下几种。

① 蒙古牛　蒙古牛是我国分布较广、头数最多的品种，原产于内蒙古兴安岭的东南两麓，主要分布在内蒙古自治区，以及华北北部、东北西部和西北一代的牧区和半农牧区。

② 华北型黄牛　华北型黄牛产于黄河流域的平原地区和东北部分地区，是肉用牛的主要品种，以肉质优良闻名中外。

③ 华南型黄牛　华南型黄牛产于长江流域以南各省，皮毛以黑色居多，黄色较少，身躯较蒙古牛、华北牛小，而且越往西越小。华南型牛以浦东荡脚牛为最大，各部肌肉丰满，胸部特别发达，出肉率较高。

（3）羊肉类　我国羊的品种有绵羊和山羊，绵羊多为皮、毛、肉兼用，经济价值较高，是我国羊的主要品种。

绵羊的产区比较集中，主要产于西北和华北地区，新疆、内蒙古、青海、甘肃、西藏、河北六省区约占全国绵羊总头数的 75%。绵羊按其类型大致可分为四种：蒙古羊、藏绵羊、哈萨克羊和改良种羊，其中以蒙古绵羊最多。

山羊多为肉皮兼用，适应性强，全国各省均有饲养。山羊有内蒙古山羊、四川铜羊、中卫山羊、青山羊。

（4）兔肉类　兔的品种很多，目前我国饲养量较多的肉兔品种有新西兰兔、日本大耳兔、加利福尼亚兔、青紫蓝兔等。

（5）鸡肉类　养鸡业在农牧业生产中十分重要，肉用鸡生长快，饲喂的饲料少，出肉率高，占躯体重的 80% 左右，是肉制品加工重要原料。

（6）鸭肉类　鸭肉味美，营养丰富，是中国人最喜欢的肉食之一。鸭的种类很多，代表性品种有北京鸭、高邮麻鸭、绍兴麻鸭等。

（7）鹅肉类　养鹅是我国农村重要的副业，也是人们获得肉类的重要来源。鹅虽不如鸭肉鲜美、细嫩，但鹅肉多且瘦，用于烤制和红烧，别有风味。香港烧鹅深受当地居民的欢迎，近来在国内经营这类产品的作坊也在不断增加。鹅类较有名的品种有狮头鹅、清远乌鬃鹅、太湖鹅、浙东白鹅、灰鹅等。

2. 原料肉的选择

（1）原料肉选择的总体要求　原料肉的选择主要从以下几方面判定。

① 肉的颜色　肌肉的颜色是重要的食品品质之一。事实上，肉的颜色本身对肉的营养价值和风味并无大的影响。颜色的重要意义在于它是肌肉的生理学、生物化学和微生物学变化的外部表现，因此它可以通过感官给消费者以好或坏的影响。

② 肉的风味　肉的风味指的是生鲜肉的气味和加热后肉制品的香气和滋味。它是肉中固有成分经过复杂的生物化学变化，产生各种有机化合物所致。其特点

是成分复杂多样，含量甚微，用一般方法很难测定，除少数成分外，多数无营养价值，不稳定，加热易被破坏和挥发。呈味物质的呈味性能与其分子结构有关。呈味物质均有各种发香基团，如羟基、羧基、醛基。这些肉的味质是通过人高度灵敏的嗅觉器官和味觉器官而反映出来的。

③ 肉的保水性　肉的保水性也叫系水力或系水性，是指当肌肉受外力作用，如在加压、切碎、加热、冷冻、解冻、腌制等加工或储藏条件下保持其原有水分与添加水分的能力。它对肉的品质有很大的影响，是肉质评定时的重要指标之一。系水力的高低可直接影响到肉的风味、颜色、质地、嫩度、凝结性等。

④ 肉的嫩度　肉的嫩度是消费者最重视的食用品质之一，它决定了肉在食用时口感的老嫩，是反映肉质地的指标。

（2）各种原料肉选择的基本要求

① 常用原料肉选择的基本要求

a. 猪肉　猪肉作为肉制品加工中的主要原料，应该符合：肌肉淡红色，有光泽，纹理细腻，肉质柔软有弹性；脂肪呈乳白色或粉白色；外表及切面微湿润，不粘手；具有该种原料特有的正常气味，无腐败气味或其他异味；无杂质污染，无病变组织、软骨、淤血块、淋巴结及浮毛等杂质。一般以猪龄 8～10 个月的阉猪为好，公猪以及肉质粗硬、结缔组织多的原料肉不适宜作为原料。

b. 牛肉　要求来自非疫区的、健康无病的牛；肉质紧密，有坚实感，弹性良好；表面无脂肪；外表及切面微湿润，不粘手；具有牛肉的正常色泽，特有的正常气味，无腐败气味或其他异味；无杂质污染，无病变组织、软骨、淤血块、淋巴结及浮毛等杂质。一般牛肉色泽较深，呈鲜红色并有光泽，纹理细腻、脂肪呈白色或奶油色。

c. 羊肉　羊肉特别是公羊肉腥味重，一般要求减轻腥味。澳大利亚研究出去除腥味的新方法，即在羊屠宰前 3 周，从放牧改为圈养，改变羊肉脂肪细胞的生理沉积。

② 其他部位原料肉选择的基本要求　除了分割的肌肉组织外，舌、心、肝、腰、食道、气管、肚等都可以用来灌制各种香肠和较为独特的肉制品。

a. 舌　宰后从胴体头部取下，即清洗并冷却；根据用舌作原料肉制品的要求进行修整。

b. 肝　从畜体摘下后，立即将胆囊摘除；特别注意勿将胆囊戳破，否则胆汁将污染肝脏，肝脏要清洗，但用水宜少。

c. 心脏　摘取后要洗、冷却，为了检验还需切开，再选作肉制品加工原料时必须除去凝血块。

d. 肾脏　摘取后要除去黏膜并将脂肪修割干净，立即送去冷却；冷却要注意产品单个分开。

e. 肚　摘除切开，除取胃内容物，洗净；如果需要，可将胃膜摘除。

f. 碎肉　手工剔骨后的碎肉以及再用去骨肉机分离下的碎肉，粒度细，极易氧化腐坏，故规定使用前需检查存储期。这种肉适用于需要乳化的肉制品。

（3）原料肉选择的其他要求

① 按肉的组织水-蛋白质比例选择原料　不同的畜体，组织水-蛋白质比例、肥瘦比例、细胞色素的相对数量都有不同，黏合能力也就随之而异。肉的黏合能力通常是指肉类成分保持脂肪并产生稳定的乳化能力。影响肉类的黏合能力的因素很复杂，加工中常常将肉分成黏合肉和充填肉两种，黏合肉又按其黏合能力高低分成高、中、低三种。

② 按 pH 选择原料　原料肉的 pH 会直接影响到产品的保水性、风味、储藏期以及产品中腌制剂的含量。例如肉的 pH 高于 5.8 时，火腿保水性好，成品富有弹性，没有渗水现象。反之，pH 低于 5.8，往往出现渗水。切片也没有那么质香浓美。

③ 按商业等级选择原料　自然、高档的肉制品使用高档原料，反之亦然。

三、原料肉储存与保鲜

原料肉的储存与保鲜方法多种多样，关键在于抑制微生物的生长和繁殖，以及减缓肉本身酶的活性。以下是一些常用的原料肉储存与保鲜方法。

1. 冷却保鲜

冷却保鲜是常用的肉和肉制品保存方法之一。这种方法将肉品冷却到 0℃ 左右，并在此温度下进行短期贮藏。由于冷却保存耗能少，投资较低，适宜于保存在短期内加工的肉类和不宜冻藏的肉制品。

（1）冷却目的　刚屠宰完的胴体，其温度一般为 37～39℃，这个温度范围正适合微生物生长繁殖和肉中酶的活性，对肉的保存很不利。肉的冷却目的就是在一定温度范围内使肉的温度迅速下降，使微生物在肉表面的生长繁殖减弱到最低程度，并在肉的表面形成一层皮膜；减弱酶的活性，延缓肉的成熟时间；减少肉内水分蒸发，延长肉的保存时间。肉的冷却是肉的冻结过程的准备阶段。在此阶段，胴体逐渐成熟。

（2）冷却条件和方法　目前，畜肉的冷却主要采用空气冷却，即通过各种类型的冷却设备，使室内温度保持在 0～4℃。冷却时间决定于冷却室温度、湿度和空气流速，以及胴体大小、胴体初温和终温等。鹅肉可采用液体冷却法，即以冷水和冷盐水为介质进行冷却，亦可采用浸泡或喷洒的方法进行冷却，此法冷却速度快，但必须进行包装，否则肉中的可溶性物质会损失。冷却终温一般在0～4℃，然后移到0～1℃冷藏室内，使肉温逐渐下降；加工分割胴体，先冷却到12～15℃，再进行分割，然后冷却到0～4℃。

2. 冷冻保藏

冻肉冻藏的主要目的是阻止冻肉的各种变化，以达到长期贮藏的目的。冻肉品质的变化不仅与肉的状态、冻结工艺有关，与冻藏条件也有密切的关系。温度、相对湿度和空气流速是决定贮藏期和冻肉质量的重要因素。

（1）冻结方法　肉类的冻结方法多采用空气冻结法、板式冻结法和浸渍冻结法。其中空气冻结法最为常用。根据空气所处的状态和流速的不同，又分为静止空气冻结法和鼓风冻结法。

（2）冻藏条件及冻藏期　冻藏间的温度一般保持在−21～−18℃，温度波动不超过±1℃，冻结肉的中心温度保持在−15℃以下。为减少干耗，冻结间空气相对湿度保持在95%～98%。空气流速采用自然循环即可。

冻肉在冻藏室内的堆放方式也很重要。对于胴体肉，可堆叠成约3m高的肉垛，其周围空气流畅，避免胴体直接与墙壁和地面接触。对于箱装的塑料袋小包装分割肉，堆放时也要保持周围有流动的空气。

3. 辐射保鲜

肉类辐射保鲜技术的研究已有40多年的历史。辐射技术是利用原子能射线的辐射能来进行杀菌。目前认为，用辐射的方法照射食品的安全性已经得到认可。食品辐射联合委员会（EDFI）建议：小剂量辐射食品不会引起毒理学危害。

（1）辐射杀菌原理　食品的辐射杀菌，通常是用α射线、γ射线，这些高能带电或不带电的射线引起食品中微生物、昆虫发生一系列生物物理和生物化学反应，使它们的新陈代谢、生长发育受到抑制或破坏，甚至使细胞组织死亡等。而对食品来说，发生变化的原子、分子只是极少数，加之已无新陈代谢，或只进行缓慢的新陈代谢，故发生变化的原子、分子几乎不影响或只轻微地影响食品的新陈代谢。

（2）肉的辐射保藏工艺

① 前处理　辐射前对肉品进行挑选和品质检查。要求：质量合格，初始菌量低。为减少辐射过程中某些成分的微量损失，有时增加微量添加剂，如添加抗氧化剂，可减少维生素C的损失。

② 包装　包装是肉品辐射保鲜的重要环节。辐射灭菌是一次性的，因而要求包装能够防止辐射食品的二次污染。同时还要求隔绝外界空气与肉品接触，以防止贮运、销售过程中脂肪氧化酸败，肌红蛋白氧化变色等缺点。包装材料一般选用高分子塑料，在实践中常选用复合塑料膜，如聚乙烯、尼龙复合薄膜。包装

方法常采用真空包装、真空充气包装、真空去氧包装等。

③ 辐射　常用辐射源有 ^{60}Co、^{137}Cs 和电子加速器三种。^{60}Co 辐射源释放的 γ 射线穿透力强，设备较简单，因而多用于肉食品辐射。辐射条件根据辐射肉食品的要求决定。

4. 化学保藏法

所谓肉的化学保藏是指在肉品生产和贮运过程中使用化学添加剂来提高肉的贮藏性和尽可能保持它原有品质的一种方法。与保鲜有关的添加剂主要是防腐剂和抗氧化剂。防腐剂又分为化学防腐剂和天然防腐剂。防腐剂经常与其他保鲜技术结合使用。

5. 气调包装技术

气调包装技术也称换气包装，是在密封袋中放入食品，抽掉空气，用选择好的气体代替包装内的气体环境，以抑制微生物的生长，从而延长食品货架期。气调包装常用的气体有三种：CO_2、O_2 和 N_2、CO_2 能抑制细菌和真菌的生长（尤其是细菌繁殖的早期），也能抑制酶的活性，在低温和体积分数为 25％时抑菌效果更佳，并具有水溶性。O_2 的作用是维持氧合肌红蛋白，使肉色鲜艳，并能抑制厌氧细菌，但也为许多有害菌创造了良好的环境；N_2 是一种惰性填充气体，氮气不影响肉的色泽，能防止氧化酸败、霉菌的生长和寄生虫害。

在肉类保鲜中，CO_2 和 N_2 是两种主要的气体，一定量的 O_2 存在有利于延长肉类保质期，因此，必须选择适当的比例进行混合。在欧洲鲜肉气调保鲜的气体比例为 $O_2：CO_2：N_2＝70：20：10$ 或 $O_2：CO_2＝75：25$。目前国际上认为最有效的鲜肉保鲜技术是用高 CO_2 充气包装的气调包装（CAP）系统。

6. 其他保藏方法

（1）低水分活性保鲜　水分是指微生物可以利用的水分，最常见的低水分活性保鲜方法有干燥处理及添加食盐和糖。其他添加剂如磷酸盐、淀粉等都可降低肉品的水分活性。

（2）加热处理

① 用来杀死肉品中存在的腐败菌和致病菌，抑制能引起腐败的酶活性。

② 加热不能防止油脂和肌红蛋白的氧化，反而有促进作用。

③ 热处理肉制品必须配合其他保藏方法使用。

（3）发酵处理　肉发酵处理肉制品有较好的保存特性，它是使肉制品中乳酸菌的生长占优势，而抑制其他微生物的生长。发酵处理肉制品也需同其他保藏技术结合使用。

第二节　调味品

调味品是指为了改善肉食品的风味，赋予食品特殊味感（咸、甜、酸、苦、鲜、麻、辣等），增进食欲而添加到食品中的天然或人工合成的物质。其主要作用是改善制品的滋味和感官性质，提高制品的质量。

一、咸味剂

咸味是许多食品的基本味。咸味调味料是以氯化钠为主要呈味物质的一类调味料的统称，又称咸味调味品。

1. 食盐

食盐素有"百味之王"的美称，其主要成分是氯化钠。

食盐具有调味、防腐保鲜、提高保水性和黏着性等重要作用。但高钠盐食品会导致高血压，新型食盐代用品有待深入研究与开发。

肉制品的食盐用量一般如下：腌腊制品 6%～10%，酱卤制品 3%～5%，灌肠制品 2.5%～3.5%，油炸及干制品 2%～3.5%，粉肚（香肚）制品 3%～4%。同时根据季节不同，夏季用盐量比春、秋、冬季要适量增加 0.5%～1.0%，以防肉制品变质，延长保存期。

2. 酱油

酱油是我国传统的调味料，优质酱油咸味醇厚，香味浓郁。具有正常酿造酱油的色泽、气味和滋味，无不良气味。酱油的作用如下。

（1）赋味　酱油中所含食盐能起调味与防腐作用；所含的多种氨基酸（主要是谷氨酸）能增加肉制品的鲜味。

（2）增色　添加酱油的肉制品多具有诱人的酱红色，是由酱色的着色作用和糖类与氨基酸的美拉德反应产生。

（3）增香　酱油所含的多种酯类、醇类具有特殊的酱香气味。

（4）除腥腻　酱油中少量的乙醇和乙酸等具有解除腥腻的作用。另外，在香肠等制品中酱油还有促进成熟发酵的良好作用。

3. 豆豉

豆豉，是我国传统发酵豆制品，是以黄豆或黑豆为原料，利用毛霉、曲霉或细菌蛋白酶分解豆类蛋白质，通过加盐、干燥等方法制成的具有特殊风味的酿造品。豆豉是中国四川、江南、湖南等地区常用的调味料。

豆豉作为调味品，在肉制品加工中主要起提鲜味、增香味的作用。

4. 面酱

面酱是用面粉、食盐等酿成，味咸甜，香鲜醇厚，色黄褐、光亮。在制品中作调味剂和着色剂。有黄豆酱和甜面酱两种。

二、鲜味剂

鲜味料是指能提高肉制品鲜美味的各种调料。鲜味物质广泛存在于各种动植物原料之中，其呈鲜味的主要成分是各种核苷酸、氨基酸、有机酸盐、弱酸等的混合物。

1. 味精

味精化学名称为谷氨酸钠。味精为无色至白色柱状结晶或结晶性粉末，具特有的鲜味。味精易溶于水，无吸湿性，对光稳定，其水溶液加温也相当稳定，但谷氨酸钠高温易分解，酸性条件下鲜味降低。温度对味精的助鲜作用有较大影响，在 70~90℃ 下助鲜作用最大。在较低温度下，因不能充分溶解，助鲜作用受到一定影响；在高温下（120~200℃）或煮制时间过长，不但助鲜作用受到影响，而且有少量的谷氨酸钠分解成焦谷氨酸钠而失去鲜味，并产生微量的毒性。

味精是食品烹调和肉制品加工中常用的鲜味剂。在肉品加工中，一般用量为 0.02%~0.15%。除单独使用外，宜与核苷酸类鲜味剂配成复合调味料，以提高效果。

2. 肌苷酸钠

肌苷酸钠又叫 5′-肌苷酸钠，是白色或无色的结晶性粉末，性质比谷氨酸钠稳定。肌苷酸钠鲜味是谷氨酸钠的 10~20 倍，一起使用，效果更佳。在肉中加 0.01%~0.02% 的肌苷酸钠，与之对应就要加 1/20 左右的谷氨酸钠。使用时，由于遇酶容易分解，所以添加酶活力强的物质时，应充分考虑之后再使用。

3. 鸟苷酸钠、胞苷酸钠和尿苷酸钠

这三种物质与肌苷酸钠一样是核酸关联物质，鸟苷酸钠是将酵母的核糖核酸进行酶分解。胞苷酸钠和尿苷酸钠也是将酵母的核酸进行酶分解后制成的。它们都是白色或无色的结晶或结晶性粉末。其中鸟苷酸钠具蘑菇鲜味，由于它的鲜味很强，所以使用量为谷氨酸钠的 1%~5% 就足够。

4. 鱼露

鱼露又称鱼酱油，它是以海产小鱼为原料，用盐或盐水腌渍，经长期自然发酵，取其汁液滤清后而制成的一种咸鲜味调料。由于鱼露是以鱼类作为生产原料，所以营养十分丰富，蛋白质含量高，其呈味成分主要是肌苷酸钠、鸟苷酸钠、谷氨酸钠、琥珀酸钠等。鱼露在肉制品加工中的应用主要起增味、增香及提

高风味的作用。

三、甜味剂

甜味料是以蔗糖等糖类为呈味物质的一类调味料的统称，又称甜味调味品。甜味调料肉制品加工中应用的甜味料主要是蔗糖、蜂蜜、饴糖、红糖、冰糖、葡萄糖以及淀粉水解糖浆等。糖在肉制品加工中赋予甜味并具有矫味，去异味，保色，缓和咸味，增鲜，增色作用。

1. 蔗糖

蔗糖是常用的天然甜味剂。肉制品中添加少量蔗糖可以改善产品的滋味，并能促进胶原蛋白的膨胀和疏松，使肉质松软、色调良好。蔗糖添加量在 0.5%～1.5%之间为宜。

2. 饴糖

饴糖主要是麦芽糖（50%）、葡萄糖（20%）和糊精（30%）混合而成。饴糖味甜爽口，有吸湿性和黏性。肉制品加工中常用作烧烤、酱卤和油炸制品的增色剂和甜味剂。饴糖以颜色鲜明、汁稠味浓、洁净不酸为上品。

3. 蜂蜜

蜂蜜主要由葡萄糖和果糖组成，葡萄糖和果糖之比基本近似于 1∶1。蜂蜜是一种淡黄色或红黄色的黏性半透明糖浆，温度较低时有部分结晶而显混浊，黏稠度也加大。蜂蜜在肉制品加工中的应用主要起提高风味、增香、增色、增加光亮度及增加营养的作用。

4. 葡萄糖

葡萄糖甜度为蔗糖的 65%～75%，其甜味有凉爽之感，适合食用。葡萄糖加热后逐渐变为褐色，温度在 170℃以上，则生成焦糖。葡萄糖在肉制品加工中的使用量一般为 0.3%～0.5%。葡萄糖若应用于发酵香肠制品，其用量为 0.5%～1.0%。在腌制肉中葡萄糖还有助发色和保色作用。

四、其他调味品

1. 醋

食醋是以谷类及麸皮等经过发酵酿造而成，含醋酸 3.5%以上，是肉和其他食品常用的酸味料之一。醋可以促进食欲，帮助消化，亦有一定的防腐去膻腥作用。

2. 料酒

料酒是肉制品加工中广泛使用的调味料之一，有去腥增香、提味解腻、固色防腐等作用。

3. 调味肉类香精

调味肉类香精包括猪、牛、鸡、鹅、羊肉、火腿等各种肉味香精，系采用纯天然的肉类为原料，经过蛋白酶适当降解成小肽和氨基酸，加还原糖在适当的温度条件下发生美拉德反应，生成风味物质，经超临界萃取和微胶囊包埋或乳化调和等技术生产的粉状、水状、油状系列调味香精，如猪肉香精、牛肉香精等。可直接添加或混合到肉类原料中，使用方便，是目前肉类工业上常用的增香剂，尤其适用于高温肉制品和风味不足的西式低温肉制品。

第三节　香辛料

香辛料的种类很多，诸如葱类、胡椒、花椒、八角茴香、桂皮、丁香、肉豆蔻等。香辛料可赋予产品一定的风味，抑制和矫正食物不良气味，增进食欲，促进消化。很多香辛料有抗菌防腐作用，同时还有特殊生理药理作用。有些香辛料还有防止氧化的作用，但食品中应用香辛料的目的在于其香味。

香辛料的辛味和香气是其所含的特殊成分，任何一种化合物都没有香辛料所具有的微妙风味。所以，现在香辛料仍多以植物体原来的新鲜、干燥或粉碎状态使用，这样的香辛料称天然香辛料。而天然的香料易受虫害和细菌的污染，往往成为肉制品腐败的原因。因而可用蒸馏、抽提等方法分离出与天然物质相类似的成分，制成液体香料。但液体香料多不易溶于水，难以与食品均匀混合，因而又出现了制成乳浊液的乳化香料。

一、中药类香辛料

1. 八角茴香

八角茴香俗称大茴香、大料、八角，系五味子科的常绿乔木植物，叶如榕叶，花似菜花，其果实有八个角，所以俗称八角茴香。由于所含芳香油的主要成分是茴香脑，因而有茴香的芳香味。味微甜而稍带辣味，是一种味辛平的中药。因芳香味浓烈，是食品工业和熟食烹调中广泛使用的香味调味品。在制作酱卤类制品时使用大茴香可增加肉的香味，增进食欲。

2. 茴香

茴香俗称小茴香、谷茴香，系伞形科茴香属越年生草本植物的成熟果实，干品像干了的稻谷，含挥发油 3%～8%，其主要成分为茴香醚，可挥发出特异的茴香气，其枝叶可防虫驱蝇。性味辛温，为用途较广的香料调味品之一。在烹调鱼、肉、菜时，加入少许小茴香，味香且鲜美。

3. 花椒

花椒为芸香科灌木或小乔木植物花椒树的果实。花椒树枝叶丛生，树枝带刺，叶小呈椭圆形，生长于温带较干燥地区，适应性较强。其果实成熟、干燥后球果开裂，黑色种子与果皮分离即为市售花椒。

花椒果皮中含有挥发油，油中含有异茴香醚及香茅醇等物质，所以具有特殊的强烈芳香气。味辛麻持久，是很好的香麻味调料。花椒籽能榨油，有轻微的辛辣味，也可调味。

4. 白豆蔻

白豆蔻为姜科豆蔻属植物白豆蔻的种子。皮和仁有特殊浓烈芳香气，味辛略带清凉味。白豆蔻不仅有增香去腥的调味功能，亦有一定抗氧化作用。可用整粒或粉末，肉品加工中常用作卤汁、五香粉等调香料。

5. 肉桂

肉桂系樟科植物肉桂的干燥树皮。味微甜辛，皮薄、呈卷筒状、香气浓厚者为佳品，是一种重要的调味香料。

6. 白芷

自芷系伞形科多年生草本植物白芷的干燥根部，根圆锥形，外表呈黄白色，切面含粉质，有黄圈，以根粗壮、体重、粉性足、香气浓者为佳品，因其含有白芷素、白芷醚等香豆素类化合物，故气味持久，具有除腥、祛风、止痛及解毒功效，是酱卤制品中常用的香料。

7. 山奈

山奈为姜科山奈属多年生草本植物的根状茎，切片晒制而成干片。由于具有较浓烈的芳香气味，在炖、卤肉品时加入山奈，别具风味。

8. 丁香

丁香系桃金娘科植物丁香的干燥花蕾及果实。花蕾称公丁香，果实称母丁香，以完整、朵大、油性足、颜色深红、香气浓郁、入水下沉者为佳品。因含有丁香酚和丁香素等挥发性成分，故具有浓烈的香气。它是卤肉制品时常用的香料，磨成粉状加入制品中，香气极为显著。

9. 胡椒

胡椒系胡椒科常绿藤本植物胡椒的珠形浆果干制而成。胡椒有黑胡椒、白胡椒两种。果实开始变红时摘下，经充分晒干或烘干即为黑胡椒，全部变红时以水浸去皮再晒干即为白胡椒。胡椒含有8%～9%胡椒碱和1%～2%的芳香油，这是形成胡椒特殊辛辣味和香气的主要成分。因挥发性成分在外皮含量较多，因而，黑胡椒的风味要好于白胡椒，但白胡椒的外观色泽较好。由于胡椒味辛辣芳香，是广泛使用的调味佳品。一般荤菜肴、腌卤制品，都可加入少许胡椒或胡椒粉，使食物的味道更加鲜香可口。

10. 砂仁

砂仁系姜科植物阳春砂、海南砂的干燥果实，以个大、坚实、呈灰色、气味浓者为佳品，含约3％的挥发油，气味芳香浓烈，是肉制品加工中一种重要的调味香料。含有砂仁的食品食之清香爽口、风味别致，并有清凉口感。

11. 肉豆蔻

肉豆蔻系肉豆蔻科高大乔木肉豆蔻树的成熟干燥种仁。其果实卵圆形、坚硬，呈淡黄白色，表面有网状皱纹，断面有棕黄色相杂的大理石花纹。以个大、体重、坚实、表面光滑、油性足、破开后香气强烈者为佳品。其气味芳香，约性辛温。西式香肠中使用很普遍。

12. 莳萝子

莳萝子系伞形科植物莳萝的果实，香气浓烈，药性辛温。是灌制南肠必不可少的调味香料。

13. 甘草

甘草系豆科多年生草本植物甘草的根。外皮红棕色，内部黄色，味道很甜，所以称甜甘草。以外皮细紧、有皱沟、红棕色、质坚实、粉性足、断面黄白色、味甜者为佳。常用于酱卤制品，以改善制品风味。

14. 陈皮

陈皮为芸香科常绿小乔木植物橘树的干燥果皮，含有挥发油成分，故气味芳香，有行气、健胃、化痰等功效。常用于酱卤制品，可增加制品的复合香味。

15. 草豆蔻

草豆蔻系姜科植物草豆蔻的干燥种子，气味芳香，以个大饱满、果皮薄而完整、气味浓者为佳品。能中和肉类中的异味，去除腥膻味，使卤肉更加清香。

16. 草果

草果系姜科多年生草本植物草果的果实。果实变为红褐色而未开裂时采收，晒干或微火烘干。干燥果实呈椭圆形，具有三钝棱，表面灰棕色或红棕色，有显著纵沟及棱线。果内有8～11粒种子，种子破碎时发出特异的气味。主要用于酱卤制品，特别是烧炖牛肉时放入少许，可压膻味。

17. 鼠尾草

鼠尾草系唇形科多年生宿根草本鼠尾草的叶子，主要用于肉类制品，亦可作色拉调味料。

18. 孜然

孜然为伞形科植物孜然芹的果实，有黄绿色与暗褐色之分，具有独特的薄荷、水果状香味，还带有适口的苦味，咀嚼时有收敛作用。果实干燥后加工成粉末可用于肉制品的解腥。

19. 甘松

甘松系败酱科甘松的干燥根及根状茎。含挥发油成分，有浓烈香气，辛香味甘。

20. 姜黄

姜黄为姜科多年生草本植物姜黄的根茎，呈长圆条形，稍弯曲，形似生姜，分支少，长 3~4 cm，表皮黄棕色，质坚硬不折断，断面黄色。性味辛苦，咀嚼后唾液呈黄色，在肉制品中有发色、发香作用，使用时须切成薄片。此外，从姜黄中可提炼姜黄素，是一种天然黄色素，可作食品着色剂。

21. 辛夷

辛夷属于木兰科落叶灌木，是未开放的干燥花蕾。呈圆锥形，很像毛笔尖。长 2~3 cm，直径 1 cm 左右，顶尖底粗，下有一果柄。表皮有黄色绒毛，剥去苞片，内有花瓣六个，上有黄色绒毛，中有花蕊，质脆易剥开，有香气，味辛辣。

22. 辣根

辣根属十字花科多年生作物，食用部分为地下根状茎，以根茎粗壮、无空心、无根须、无泥沙、不带叶者为佳。因辣根的根状茎含有异硫氰酸酯类化合物，故有辛辣味。一般用于罐头食品调味，也可加其他调味料后拌凉菜。西式口味用得较多，在欧美普遍食用，我国沿海地区近年也有栽培和食用。

23. 百里香

百里香为唇形科植物，干草为绿褐色，有独特的叶臭和麻舌样口味，带甜味，芳香强烈。夏季枝叶茂盛时采收，洗净，剪去根部，切段，晒干。将茎直接干制或再加工成粉状，有压腥去膻的作用。

24. 檀香

檀香为檀香科檀香属植物檀香的干燥心材。成品为长短不一的木层或碎块，表面黄棕色或淡黄橙色，质致密而坚重。檀香具有强烈的特异香气，且持久，味微苦。肉制品酱卤类加工中用作增加复合香味。

25. 玫瑰

玫瑰为蔷薇科蔷薇属植物玫瑰的花蕾。以花朵大、瓣厚、色鲜艳、香气浓者为好。5~6 月份采摘含苞未放的花蕾晒干。花含挥发油，有极佳的香气。肉制品生产中常用作香料。也可磨成粉末掺入灌肠中，如玫瑰肠。

26. 月桂叶

月桂属于樟科植物，以叶及皮作为香料。月桂叶常用于西式产品或在罐头生产中作矫味剂。

27. 芫荽子

芫荽子为伞形科芫荽属植物芫荽的果实。夏季收获，晒干。芫荽子主要用以配咖喱粉，也有用作酱卤类香料。在维也纳香肠和法兰克福香肠加工中用作调味料。

传统肉制品加工过程中常用由多种香辛料（未粉碎）组成的料包经沸水熬煮出味或同原料肉一起加热使之入味。

二、蔬菜类香辛料

1. 葱

大葱原产于亚洲西部及我国西北高原。我国栽培葱的历史悠久，在北方栽培大葱的面积较广，既作菜也作调味品。葱的品种较多，各种葱都可作调味品。尤其是山东章丘出产的大葱，以香辣微甜、葱白长而粗壮著名。寿光"鸡腿葱"香辣味浓，最适于作调味品。葱属百合科，叶绿色，管状，先端尖。下部白色部分为叶鞘，俗称葱白。葱的表皮细胞中含有大量的挥发油，有强烈香辣味，因此可以调味，并可压腥，是重要的鲜菜调味品。在烧鱼、炖肉、炒菜、做汤时加点葱，可压腥提味，增加葱香，而且有开胃的功效。在肉制品生产中广泛用于酱制、红烧类产品，特别是酱猪肝、肚、肺、舌、蹄等制品时，更是必不可少的辅料。

2. 姜

姜可鲜用也可干制，供调味或入药。姜含有挥发性的姜油酮、姜酚等成分，具有独特的辛辣气味，有调味去腥的作用。在肉制品生产中常用于红烧、酱制，也可将其榨成姜汁，制成姜粉等，加入灌肠、灌肚，以增加制品风味。

3. 大蒜

大蒜属百合科，是一种多年生宿根植物，能开花结子，但通常用蒜瓣繁殖。大蒜全身都含挥发性的大蒜素，具特殊蒜辣气味，其中以蒜头含量最多，蒜叶次之，蒜薹较少，它们都有调味作用，可压腥去膻，增加蒜香味道。在西式灌肠类制品中，常将大蒜绞成蒜泥后加入，使制品具有蒜香。

4. 洋葱

洋葱为石蒜科2年生草本植物。叶似大葱，浓绿色，管状长形，中空，叶鞘不断肥厚，即成鳞片，最后形成肥大的球状鳞茎。鳞茎呈圆球形、扁球形或其他形状即葱头。其味辛、辣、温，味强烈。洋葱皮色有红皮、黄皮和白皮之别。洋葱以鳞片肥厚、抱合紧密、没糖心、不抽芽、不变色、不冻者为佳。洋葱有独特的辛辣味，在肉制品中主要用来调味、增香，促进食欲等。

5. 辣椒

辣椒属于茄科辣椒属植物的果实。辣椒含有辣椒素,有辣味,它刺激口腔中的味觉神经和痛觉神经而感到特殊的辛辣味道。其作为辣味调味品,不仅可以改进菜肴的味道,并且因辛辣刺激作用,增加唾液分泌及淀粉酶活性,从而帮助消化、促进食欲。中式辣味肉制品常使用辣椒粉(面),应选用干燥无霉变、无虫蛀、辣味浓的干品辣椒经加工而成。

三、天然混合香辛料

混合香辛料是将数种香辛料混合起来,使之具有特殊的混合香气。它的代表性品种有咖喱粉、辣椒粉、五香粉。

1. 咖喱粉

咖喱粉是一种混合香料。主要由香味为主的香味料、辣味为主的辣味料和色调为主的色香料三部分组成。一般混合比例是:香味料40%,辣味料20%,色香料30%,其他10%。当然,具体做法并不局限于此,不断变换混合比例,可以制出各种独具风格的咖喱粉。通常是以姜黄、白胡椒、芫荽子、小茴香、桂皮、干姜、辣椒、八角、花椒、芹菜子等配制研磨成粉状,称为咖喱粉。颜色为黄色,味香辣。肉制品中的咖喱牛肉干、咖喱肉片、咖喱鸡等即以此作调味料。

2. 五香粉

五香粉系由多种香辛料植物配制而成的混合香料。其配方因地区不同而有所不同。

配方一:花椒18%,桂皮43%,茴香8%,陈皮6%,干姜5%,八角20%配成。

配方二:花椒、八角、茴香、桂皮各等量磨成粉配成。

配方三:阳春砂仁100 g,去皮草果75 g,八角50 g,花椒50 g,肉桂50 g,广陈皮150 g,白豆蔻50 g,除白豆蔻、阳春砂仁外,均炒后磨粉混合而成。

3. 辣椒粉

辣椒粉,主要成分是辣椒,另混有茴香、大蒜等,红色颗粒状,具有特殊的辛辣味和芳香味。七味辣椒粉是一种日本风味的独特混合香辛料,由7种香辛料混合而成。它能增进食欲,帮助消化,是家庭辣味调味的佳品。下面是七味辣椒粉的两个配方。

配方一:辣椒50 g,麻子3 g,山椒15 g,芥菜籽3 g,陈皮13 g,油菜籽3 g,芝麻5 g。

配方二:辣椒50 g,芥菜籽3 g,山椒15 g,油菜籽3 g,陈皮1 g,绿紫菜2 g,芝麻5 g,紫苏子2 g,麻子4 g。

现代化肉制品则多用已配制好的混合性香料粉(五香粉、麻辣粉、咖喱粉等）直接添加到制品原料中；若混合性香料粉经过辐照，则细菌及其孢子数大大降低，制品货架寿命会大大延长；对于经注射腌制的肉块制品，需使用萃取性单一或混合液体香辛料。这种预制香辛料使用方便、卫生，是今后发展趋势。

四、提取香辛料

随着人民生活水平的不断提高，香辛料的生产和加工技术得到进一步发展。现在的香辛料已经从过去的单纯用粉末，逐渐走向提取香辛料精油、油树脂，即利用化学手段对挥发性精油成分和不挥发性精油成分进行抽提后调制而成。这样可将植物组织和其他夹杂物完全除去，既卫生又方便使用。

提取香辛料根据其性状可分为液体香辛料、乳化香辛料和固体香辛料。

1. 液体香辛料

超临界提取的大蒜精油、生姜精油、姜油树脂、花椒精油、孜然精油、辣椒精油、八角精油、茴香油树脂、丁香精油、黑胡椒精油、肉桂精油、十三香精油等产品均为提取的液体香辛料。

液体香辛料的特点是：有效成分浓度高，具有天然、纯正、持久的香气，头香好，纯度高，用量少，使用方便。

2. 乳化香辛料

乳化香辛料是把液体香辛料制成水包油型的香辛料。

3. 固体香辛料

固体香辛料是把水包油型乳液喷雾干燥后经被膜物质包埋而成的香辛料。

第四节　咸味香精香料

咸味香精香料是肉味之主体，也是麻辣风味食品调味的核心。如今的麻辣风味食品没有肉味的元素，再好的麻辣风味也很难立足于市场，咸味香精在麻辣风味食品中至关重要。

一、纯粉类咸味香精香料

纯粉类咸味香精香料采用优质的动物蛋白、脂肪和肉类提取物等原料经酶解、熟化，再经喷雾干燥而成。纯粉类咸味香精香料的特点及相关应用如下。

① 肉味纯正、自然、逼真，最大限度地接近天然肉类的风味，保持肉类全部的营养成分。

② 使用方便，可按任意比例添加，不会改变麻辣风味食品的风味，与其他

类型香精配合使用效果更佳。

③ 用于和面时加入面粉中，生产膨化半成品、面块产生肉味；用于生产方便食品粉料，在配料时加入使粉料口感醇厚；用于生产方便食品酱包或特色包，加热的最后工序加入使酱料的纯肉味增强；用于麻辣花生调味时在调配调味粉时加入缓和麻辣味同时延长麻辣的口感；用于麻辣金针菇、蕨菜、竹笋、木耳调味时和食盐一起加入体现为麻辣持久，风味厚实；用于调味膨化调味料时和一般辅料一起加入改变肉味的厚度；用于麻辣火锅、无渣火锅调味时和味精一起加入实现复合肉味的底味；用于卤制肉制品时在卤制九成熟时加入，卤味香料与肉的底味结合形成独特的卤制风味。

二、热反应类咸味香精香料

热反应类咸味香精香料是由肉类提取物、氨基酸、多肽与还原性的糖类进行一系列羰氨反应（美拉德反应）及其二次反应的生成物制成，形成特定的人们生活过程中蒸、煮、炒、炖等传统烹饪所形成的有特征香气香味的物质。热反应咸味香精的特点及相关应用如下。

① 特征香味逼真、强烈。热反应咸味香精香料与天然肉类提取物相比，具有良好的，人们熟悉的烹饪风味。

② 耐热性和稳定性较好。加热时或保存期间香气香味不易发生变化，具有持久的风味特征。

③ 具有氨基酸经过高温形成的特征风味及口感。

④ 用于生产面制品调味料，调配时加入体现肉类经热加工形成的熟肉风味和口感；用于生产方便食品粉料、配料时加入体现氨基酸经过热加工形成的烤香、蒸煮香、炖香特征风味；用于生产方便食品酱料，加热的最后工序加入勿需升温，搅拌均匀即可将热反应肉风味复合到酱料中；用于麻辣花生调配热反应肉风味和口感；用于麻辣金针菇、蕨菜、竹笋、木耳中体现独特的复合风味；用于膨化调味料提供热加工肉香风味；用于麻辣火锅、无渣火锅直接提高热反应肉的口感和滋味；用于卤制肉制品强化热加工肉的风味和饱满的口感。在多种麻辣风味食品及其调味料中均有大量使用，在 2000 年之后不断涌现出大量的热反应类咸味香精大多数均可用于麻辣风味食品的调味，并且效果非常好。

三、复配粉类咸味香精香料

复配粉类咸味香精香料是由美拉德反应产物经喷雾干燥，辅以咸味剂、酸味剂、鲜味剂、甜味剂等基本口味，再添加香料经充分混匀过筛制成，或者经过烘烤、粉碎、过筛而得到的复配粉类咸味香精香料，也有的称为呈味料、调味基料、餐饮配料，在此特称为复配粉类咸味香精香料。复配粉类咸味香精香料的特点及相关应用如下。

① 以复合的香味、复合的状态为特点，具有口感和香味的结合。

② 热加工使用性能有限，在低温添加效果较好。

③ 具有热反应香精香料、纯粉香精香料、头香香精香料的特点，直接代替多种香味；用于卤制肉制品修饰香型和复合肉质感。

④ 使用方便，便于计量添加。

⑤ 用于面制品调味，比热反应类咸味香精香料的使用量要小一些；用于生产方便食品粉料，提供香味和口感的复合；用于生产方便食品酱料，强化复合的酱香；用于麻辣花生调味使口感和香味融为一体；用于麻辣金针菇、蕨菜、竹笋、木耳调味，丰富香味为主；用于调味膨化调味料，除了提供口感还能提供一定程度的香味；用于麻辣火锅、无渣火锅调味，改进口感和提升香气香味；用于卤制肉制品修饰香型和复合肉质感。

四、头香型咸味香精香料

头香型咸味香精香料系采用优质的肉类、脂肪、蔬菜经酶解后与各种氨基酸和还原性的糖进行美拉德反应，形成具有各种肉味的反应香基，辅以盐、味精、天然香料等，再与载体（淀粉、麦芽糊精等）、食用干燥剂二氧化硅充分搅拌混匀制成。头香型咸味香精香料是咸味香精香料发展初期的主要咸味香精香料，在麻辣风味食品调味的中级阶段发挥了很好的作用，从而使咸味香精改变了原来单一的麻辣风味，使麻辣风味食品糅合了咸味头香型香精香料，麻辣风味化食品也就更加丰富，多元化，口味层出不穷。头香型咸味香精香料又叫头香型香精，或者拌粉类咸味香精，头香型咸味香精香料的特点及相关应用如下。

① 以香味为主，没有强烈的口感。

② 流动性好，容易分散均匀，与纯粉类、热反应类香精配合使用效果更好。

③ 用于膨化面制品调配香味使用，比热反应类、复配型咸味香精香料的使用量要小一些；用于方便食品粉料提供香气香味；用于修饰方便食品酱料的特征香味；用于麻辣花生调配复合香味；用于麻辣金针菇、蕨菜、竹笋、木耳提供主要香味；用于膨化调味料香气修饰和补充；用于麻辣火锅、无渣火锅提供飘香；用于卤制肉制品丰富肉香，起到强化作用。

五、乳化类咸味香精香料

乳化类咸味香精香料包括液体和膏状两种。液体状咸味香精香料是由美拉德反应产物与丙二醇、甘油、蒸馏水以及各种天然香料、香辛料精油混合制成。这类咸味香精香料是以丙二醇作为主要溶剂的一类香精香料，香气挥发比较快，不耐高温，留香时间随着丙二醇的挥发而释放。其优点是流动性较好，使用也很方便，有的有些沉淀，有的沉淀很少，与其配方和组分有一定关系。膏状咸味香精香料是由美拉德反应产物与羧甲基纤维素钠、瓜尔豆胶、黄原胶、明胶等食用胶以及各种天然香料经高压均质混匀而成。

乳化类咸味香精香料的特点及相关应用如下。

① 风味醇厚、香味独特持久，如椒香、酱香、脂香等独特乳化香精香料风味。

② 一般使用量在 0.05% 就可达到呈味效果。

③ 耐热性能较好，在热加工过程应用较广泛。

④ 在酱状、固态麻辣风味食品中容易分散均匀。

⑤ 用于膨化淀粉类制品、呈味面块或面条，在和面时加入，通常和食盐混合均匀加入，或者添加到需要添加的水之中，膨化之后或者油炸之后使膨化的半成品体现出咸味香精香料的风味；用于生产麻辣蕨菜、麻辣泡菜、麻辣竹笋、麻辣花生等调味时，在配料时加入油中或者液体中提供香味为主；用于生产方便食品酱料在冷却到75℃以下加入并搅拌均匀。

六、精油类咸味香精香料

精油类咸味香精香料主要有两大类，一类是肉味精油，由新鲜肉类、脂肪及鲜骨髓提取物，与氨基酸和糖进行美拉德反应生成特定的肉香味，再经油水分离，去除水层制成的产品。另一类是香辛料精油，是由精选的上等天然香辛料经蒸馏、二氧化碳超临界萃取等工艺提取出香辛料的精华，再辅以油溶性溶剂制得。精油类咸味香精香料也可分为：肉类风味的精油类咸味香精香料和对肉类香味有着补充、辅助、提高和改善作用的精油类咸味香精香料。精油类咸味香精香料的特点及相关应用如下。

① 香味香气浓郁、强烈、逼真、持久。

② 耐热性好，可在麻辣风味食品加工的各个工序随意添加。

③ 用量很小就能达到满意效果。

第五节　食品添加剂

食品添加剂是指食品在生产加工和贮藏过程中加入的少量物质。添加这些物质有助于食品品种多样化，改善其色、香、味、形，保持食品的新鲜度和质量，并满足加工工艺过程的需求。肉品加工中经常使用的添加剂有以下几种。

一、发色剂

硝酸盐最初是从未提纯的食盐中发现的，在腌肉中少量使用硝酸盐已有几千年的历史。亚硝酸钠是由硝酸钠生成，也用于腌肉生产。腌肉中使用亚硝酸盐主要有以下几个作用。

① 能抑制肉毒梭状芽孢杆菌的生长，并且具有抑制许多其他类型腐败菌生长的作用。

② 具有优良的呈色作用。

③ 具有抗氧化作用，延缓腌肉腐败。

④ 对腌肉的风味有极大的影响，如果不使用它们，那么腌制品仅带有咸味而已。

亚硝酸盐是唯一能同时起上述几个作用的物质，现在还没有发现有一种物质能完全取代它。

亚硝酸钠很容易与肉中蛋白质分解产物二甲胺作用，生成二甲基亚硝胺。亚硝胺可以从各种腌肉制品中分离出。亚硝胺是目前国际上公认的一种强致癌物，动物试验结果表明：不仅长期小剂量作用有致癌作用，而且一次摄入足够的量，亦有致癌作用。因此，国际上对食品中添加硝酸盐和亚硝酸盐的问题很重视，FAO/WHO、联合国食品添加剂法规委员会（JECFA）建议在目前还没有理想的替代品之前，把用量限制在最低水平。

1. 硝酸盐

硝酸盐是无色结晶或白色结晶粉末，易溶于水。将硝酸盐添加到肉制品中，硝酸盐在微生物的作用下，最终生成 NO，后者与肌红蛋白生成稳定的亚硝基肌红蛋白络合物，使肉制品呈现鲜红色，因此把硝酸盐称为发色剂。最大使用量：硝酸钠 0.5 g/kg，最大残留量（以亚硝酸钠计）≤0.03 g/kg。

2. 亚硝酸钠

亚硝酸钠是白色或淡黄色结晶粉末，亚硝酸钠除了防止肉品腐败，提高保存性之外，还具有改善风味、稳定肉色的特殊功效，此功效比硝酸盐还要强，所以在腌制时与硝酸钾混合使用，能缩短腌制时间。亚硝酸盐用量要严格控制。《食品安全国家标准 食品添加剂使用标准》（GB 2760—2024）中对亚硝酸钠的使用量规定使用范围如下：肉类最大使用量 0.15 g/kg；最大残留量（以亚硝酸钠计）≤0.03 g/kg。

二、发色助剂

1. 发色助剂作用

肉发色过程中亚硝酸被还原生成 NO。但是 NO 的生成量与肉的还原性有很大关系。为了使之达到理想的还原状态，常使用发色助剂。在肉的腌制中使用抗坏血酸钠和异抗坏血酸钠作为发色助剂，主要有以下几个目的。

① 抗坏血酸盐和异抗坏血酸盐可以将高铁肌红蛋白还原为亚铁肌红蛋白，因而加速了腌制的速度。

② 抗坏血酸盐和异抗坏血酸盐可以同亚硝酸发生化学反应，增加一氧化氮的形成，因此可加速一氧化氮肌红蛋白的形成。

③ 多量的抗坏血酸盐能起到抗氧化剂的作用，因而稳定腌肉的颜色和风味。

④ 在一定条件下抗坏血酸盐具有减少亚硝胺形成的作用。

抗坏血酸盐既可用于大块肉腌制，也可用于香肠制品中。在法兰克福香肠加工中，使用抗坏血酸盐可使腌制时间减少 1/3，这主要是由于加快了亚硝酸盐的呈色作用。用 5%～10% 抗坏血酸或抗坏血酸盐喷洒在腌肉制品表面，然后进行包装，可以增加腌肉颜色对光的耐受力，减慢腌肉的褪色。另一种发色助剂是烟酰胺。烟酰胺可与肌红蛋白相结合生成稳定的烟酰胺肌红蛋白，很难被氧化，可以防止肌红蛋白在从亚硝酸生成亚硝基期间的氧化变色。如果在肉类腌制过程中同时使用抗坏血酸与烟酰胺，则发色效果更好，并能保持长时间不褪色。

2. 常用发色助剂

（1）抗坏血酸、抗坏血酸钠　　抗坏血酸即维生素 C，具有很强的还原作用，但是对热和重金属极不稳定，因此一般使用稳定性较高的钠盐。

（2）异抗坏血酸、异抗坏血酸钠　　异抗坏血酸是抗坏血酸的异构体，其性质与抗坏血酸相似，发色、防止褪色及防止亚硝胺形成的效果，几乎相同。

（3）烟酰胺　　烟酰胺与抗坏血酸钠同时使用形成烟酰胺肌红蛋白，使肉呈红色，并有促进发色、防止褪色的作用。

三、着色剂

着色剂又称色素，可分为天然色素和人工合成色素两大类。中国允许使用的天然色素有红曲米、姜黄素、紫胶、红花黄、叶绿素铜钠盐、β-胡萝卜素、辣椒红、甜菜红和焦糖色等。实际用于肉制品生产中以红曲米最为普遍。

食用合成色素是以煤焦油中分离出来的苯胺染料为原料而制成的，故又称煤焦油色素或苯胺色素，如胭脂红、柠檬黄等。食用合成色素大多对人体有害，其毒害作用主要有三类：使人中毒，致泻，引起癌症，所以使用时应按照 GB 应该尽量少用或不用。中国卫生部门规定：凡是肉类及其加工品都不能使用人工合成色素。

1. 红曲米

红曲米是以大米为原料，采用红曲霉液体深层发酵工艺和特定的提取技术生产的粉状纯天然食用色素，其工业产品具有色价高、色调纯正、光热稳定性强、

pH 适应范围广、水溶性好等优点，同时具一定的保健和防腐功效。肉制品中按生产需要适量使用。

2. 高粱红

高粱红是以高粱壳为原料，采用生物加工和物理方法制成，有液体制品和固体粉末两种，属水溶性天然色素，对光、热稳定性好，抗氧化能力强，与其他水溶性天然色素调配可成紫色、橙色、黄绿色、棕色、咖啡色等多种色调。肉制品中使用量视需要而定。

3. 焦糖色

焦糖色又称酱色或糖色，外观是红褐色或黑褐色的液体，也有的呈固体状或粉末状。可以溶解于水以及乙醇中，但在大多数有机溶剂中不溶解。焦糖水溶液晶莹透明。溶解的焦糖有明显的焦味，但冲稀到常用水平则无味。焦糖的颜色不会因酸碱度的变化而发生变化，并且也不会因长期暴露在空气中受氧气的影响而改变颜色。焦糖在 150～200℃ 的高温下颜色稳定，是中国传统使用的色素之一。焦糖在肉制品加工中的应用主要是为了增色，补充色调，改善产品外观。

四、防腐剂

1. 山梨酸及其钾盐

山梨酸及其钾盐被认为是有效的霉菌抑制剂，对丝状菌、酵母、好气性菌有强大的抑制作用，能有效地控制肉类中常见的许多霉菌。由于山梨酸及其钾盐可在体内代谢产生二氧化碳和水，故对人体无害。可用于熟肉制品（肉罐头类除外）。

2. 乳酸链球菌素

乳酸链球菌素（nisin）是从链球菌属的乳酸链球菌发酵产物中提取的一类多肽化合物，又称乳酸链球菌肽。乳酸链球菌素可用于预制肉制品和熟肉制品（肉罐头类除外），最大使用量为 0.5 g/kg。

3. 乙酸钠

乙酸钠又名醋酸钠，可用作肉类防腐剂，按生产需要适量使用。

五、水分保持剂

磷酸盐已普遍地应用于肉制品中，以改善肉的保水性能。国家规定可用于肉制品的磷酸盐焦磷酸钠、三聚磷酸钠和六偏磷酸钠等。它们可以增加肉的保水性能，改善成品的鲜嫩度和黏结性，并提高出品率。

1. 焦磷酸钠

焦磷酸钠为无色或白色结晶，溶于水，能与金属离子配合，使肌肉蛋白质的网状结构被破坏，包含在结构中可与水结合的极性基因被释放出来，因而持水性提高，在肉制品中最大使用量不超过 5 g/kg。

2. 三聚磷酸钠

三聚磷酸钠为白色颗粒或粉末，易溶于水，有潮解性。在灌肠中使用，能使制成品形态完整、色泽美观、肉质柔嫩、切片性好。三聚磷酸钠在肠道不被吸收，至今尚未发现有不良副作用。最大使用量应控制在 5 g/kg 以内。

3. 六偏磷酸钠

六偏磷酸钠为白色结晶性粉末，易溶于水，有吸湿性，它的水溶液易与金属离子结合，有保水及促进蛋白质凝固作用。最大使用量为 5 g/kg。

各种磷酸盐可以单独使用，也可把几种磷酸盐按不同比例组成复合磷酸盐使用。实践证明，使用复合磷酸盐比单独使用一种磷酸盐效果要好。混合的比例不同，效果也不同。用量过大会导致产品风味恶化、组织粗糙，呈色不良。焦磷酸盐溶解性较差，因此在配制腌液时要先将磷酸盐溶解后再加入其他腌制料。由于多聚磷酸盐对金属容器有一定的腐蚀作用，所以使用设备应选用不锈钢材料。此外，使用磷酸盐可能使腌制肉制品表面出现结晶，这是焦磷酸钠形成的。

六、增稠剂

增稠剂具有改善和稳定肉制品物理性质或组织形态、丰富食用的触感和口感的作用。增稠剂按其来源大致可分为两类：一类是来自于含有多糖类的植物原料；另一类则是从蛋白质的动物及海藻类原料中制取的。增稠剂的组成成分、性质、胶凝能力均有所差别，使用时应注意选择。

1. 变性淀粉

变性淀粉是将原淀粉化学处理或酶处理后，改变原淀粉的理化性质后得到的产品，其无论加入冷水或热水，都能在短时间内膨胀溶解于水，具有增黏、保型、速溶等优点，是肉制品加工中一种理想的增稠剂。

变性淀粉的性能主要表现在其耐热性、耐酸性、黏着性、成糊稳定性、成膜性、吸水性、凝胶性以及淀粉糊的透明度等诸方面的变化上。变性淀粉可明显地改善灌肠制品等的组织结构、切片性、口感和多汁性，提高产品的质量和出品率。变性淀粉主要有环状糊精、醋酸酯淀粉、氧化淀粉、羟丙基淀粉等。

2. 明胶

明胶是用动物的皮、骨、软骨、韧带、肌膜等富含胶原蛋白的组织，经部分水解后得到的高分子多肽的高聚合物。明胶在热水中可以很快溶解，形成具有黏稠度的溶液，冷却后即凝结成固态状，成为胶状。明胶形成的胶冻具有热可逆性，加热时熔化，冷却时凝固，这一特性在肉制品加工中常常有所应用，如制作水晶肴肉、水晶肚等常需用明胶才可做出透明度高的产品。

3. 琼脂

琼脂为多糖类物质，主要为聚半乳糖苷。琼脂溶于沸水，冷却后 0.1% 以下含量可成为黏稠液，0.5% 即可形成坚实的凝胶，1% 含量在 32～42℃ 时可凝固，该凝胶具有弹性；琼脂在开始凝胶时，凝胶强度随时间延长而增大，但完全凝固后因脱水收缩，凝胶强度也下降。琼脂凝胶坚固，可使产品有一定形状，但其组织粗糙、发脆，表面易收缩起皱。

4. 卡拉胶

卡拉胶是一种天然的食品配料，它是以红色海藻角叉菜、麒麟菜、耳突麒麟菜、粗麒麟菜、皱波角叉菜、星芒杉藻、钩沙菜、叉状藻、厚膜藻等为原料，经过水或碱提取、浓缩、乙醇沉淀、干燥等工艺精制而成。

卡拉胶由于具有黏性、凝固性，带有负电荷，能与一些物质形成络合物等物理化学特性，可用作增稠剂、凝固剂、悬浮剂、乳化剂和稳定剂等。在肉馅中添加 0.6% 时，即可使肉馅保水性从 80% 提高到 88% 以上。

5. 黄原胶

黄原胶是一种微生物多糖，由纤维素主链和三糖侧链构成。黄原胶可作为增稠剂、稳定剂使用。

使用黄原胶时应注意：制备黄原胶溶液时，如分散不充分，将出现结块。除充分搅拌外，可将其预先与其他材料混合，再边搅拌边加入水中。如仍分散困难，可加入与水混溶性溶剂如少量乙醇。黄原胶是一种阴离子多糖，能与其他阴离子型或非离子型物质共同使用，但与阳离子型物质不能配伍。其溶液对大多数盐类具有极佳的配伍性和稳定性。添加氯化钠和氯化钾等电解质，可提高其黏度和稳定件。

七、乳化剂

1. 酪蛋白酸钠

酪蛋白酸钠是肉制品加工常用的优质乳化剂。由于酪蛋白酸钠溶液不同的浓度会产生不同的黏度，一般应用低黏度酪蛋白酸钠作为西式火腿的乳化剂，可以提高黏结性和保水性，防止脂肪的分离。灌肠类可以先将脂肪、水和酪蛋白酸钠调制成乳化液加入灌肠，或在灌肠切碎过程中用粉末添加的方法。

2. 卡拉胶

卡拉胶除作为增稠剂外，也可作为乳化剂使用，可按生产需要适量用于各类食品。在肉制品加工中，加入卡拉胶，可使产品产生脂肪样的口感，可用于生产高档、低脂的肉制品。

八、抗氧化剂

有油溶性抗氧化剂和水溶性抗氧化剂两大类。

1. 油溶性抗氧化剂

油溶性抗氧化剂能均匀地溶解分布在油脂中，对含油脂或脂肪的肉制品可以很好地发挥其抗氧化作用。油溶性抗氧化剂包括丁基羟基茴香醚、二丁基羟基甲苯和没食子酸丙酯，另外还有维生素 E。

（1）丁基羟基茴香醚　丁基羟基茴香醚又名丁基大茴香醚，简称 BHA。其性状为白色或微黄色蜡样结晶性粉末，带有特异的酚类的臭气和有刺激性的味。BHA 除抗氧化作用外，还有很强的抗菌力。在直射光线长期照射下色泽会变深。

（2）二丁基羟基甲苯　二丁基羟基甲苯又叫 2,6-二叔丁基对甲酚，简称 BHT。BHT 的抗氧化作用较强，耐热性好，在普通烹调温度下影响不大。一般多与丁基羟基茴香醚（BHA）并用，并以柠檬酸或其他有机酸为增效剂。

BHT 最大用量为 $0.2\,g/kg$。使用时，可将 BHT 与盐和其他辅料拌均匀，一起掺入原料肉内；也可将 BHT 预先溶解于油脂中，再按比例加入肉品或喷洒、涂抹在肠体表面。

（3）没食子酸丙酯　没食子酸丙酯（PG）系白色或淡黄色晶状粉末，无臭，微苦。易溶于乙醇、丙酮、乙醚，难溶于脂肪与水，对热稳定。

没食子酸丙酯对脂肪、奶油的抗氧化作用较 BHA 或 BHT 强，三者混合使用时效果更佳。

（4）维生素 E　系黄色至褐色几乎无臭的澄清黏稠液体。溶于乙醇而几乎不溶于水。可和丙酮、乙醚、氯仿、植物油任意混合。对热稳定。其抗氧化作用比 BHA、BHT 的抗氧化力弱，但毒性低得多，也是食品营养强化剂。

2. 水溶性抗氧化剂

应用于肉制品中的水溶性抗氧化剂主要包括抗坏血酸、异抗坏血酸、抗坏血酸钠、异抗坏血酸钠等。

（1）L-抗坏血酸及其钠盐　L-抗坏血酸应用于肉制品中，有抗氧化、助发色作用，和亚硝酸盐结合使用，有防止产生亚硝胺作用。L-抗坏血酸钠是抗坏血酸的钠盐形式，其性状为白色或带有黄白色的粒、细粒或结晶性粉末，无臭，稍咸。L-抗坏血酸钠应用于肉制品中作助发色剂，同时还可以保持肉制品的风味，增加制品的弹性。

（2）异抗坏血酸及其钠盐　异抗坏血酸及其钠盐是抗坏血酸及其钠盐的异构体，极易溶于水，其使用范围及使用量均同抗坏血酸及其钠盐。

第三章
酱制食品加工

•
○

　　酱制食品中品种最多、产量最大的一类产品，这类产品的最人特点是酱油使用量较大，产品呈红褐色，所以称红烧制品。

第一节　猪肉酱制品加工

一、酱猪肉

1. 原料配方

　　嫩猪肉 5 kg，精盐 150 g，料酒 10 g，糖色 20 g，花椒 5 g，八角 8 g，桂皮 15 g，小茴香 5 g，姜 25 g。

2. 操作要点

　　（1）原料整理　先将整片猪肉割去肘子，剔除骨头，修净残毛血污。切成重约 1.25 kg 的肉块，用凉水浸泡 3 h。

　　（2）煮制　将肉块放入沸水锅内，加入除料酒和糖色以外的配料煮 1 h，捞出肉块清洗干净。锅内的煮汤此时应全部过滤一遍，并把煮锅刷洗干净，准备酱制。

　　（3）酱制　先将煮锅底部垫卜铁箅，以免肉块粘锅底。按肉块的软硬、大小逐块码入锅内（硬块和大块码在中间），在中间留一个汤眼，倒入原汤，汤面要低于肉块约 1.5 cm。盖锅盖。夏天可先用旺火煮 1.5 h，再用小火煮 1 h。冬天用旺火煮 2 h，小火时间也可适当延长。出锅前 15 min 加入料酒和糖色，此时应不断用勺子把煮汤浇在肉块上，待汤煮成浓汁时即可出锅。出锅后用铲子和勺子将肉块轻轻按顺序放入盘内，再把锅内浓汁分 2 次涂刷在皮肉上即成。

二、六味斋酱猪肉

　　六味斋酱肉是太原市传统名食，以肥而不腻、瘦而不柴、酥烂鲜香、味美可口而著称。民间有"不吃六味斋，不算到太原"之说。

1. 原料配方（以 100 kg 嫩猪肉计）

食盐 3 kg，生姜 0.5 kg，桂皮 0.26 kg，糖色 0.4 kg，花椒 0.12 kg，八角 0.15 kg，绍酒 0.2 kg。

2. 操作要点

（1）原料选择与整理　选用肉细皮薄、不肥不瘦的嫩猪肉为原料，将整片白肉，斩下肘子，剔去骨头，切成长 25 cm、宽 16～18 cm 的肉块，修净残毛、血污，放入冷水内浸泡 8～9 h 以去掉淤血，捞出沥水后，置于沸水锅内，加入辅料（绍酒和糖色除外），随时捞出汤面浮油杂质，1～1.5 h 捞出，用冷水将肉洗净，撇净汤表面的油沫，过滤后待用。

（2）煮制　将锅底先垫上竹箅或骨头，以免肉块粘锅底。按肉块硬软程度（硬的放在中间），逐块摆在锅中，松紧适度，在锅中间留一个直径 25 cm 的汤眼，将原汤倒入锅中，汤与肉相平，盖好锅盖。用旺火煮沸 20 min，接着用小火再煮 1 h；冬季用旺火煮沸 2 h，小火适当增加时间。

（3）出锅　出锅前 15 min，加入绍酒和糖色，并用勺子将汤浇在肉上，再焖 0.5 h 出锅，即为成品。

（4）糖色的加工过程　用一口小铁锅，置火上加热。放少许油，使其在铁锅内分布均匀。再加入白砂糖，用铁勺不断推炒，将糖炒化，炒至泛大泡后又渐渐变为小泡。此时，糖和油逐渐分离，糖汁开始变色，由白变黄，由黄变褐，待糖色变成浅褐色的时候，马上倒入适量的热水熬制一下，即为"糖色"。

三、上海五香酱肉

1. 原料配方（以 100 kg 新鲜猪肉计）

酱油 5 kg，白糖 1.5 kg，葱 0.5 kg，桂皮 0.15 kg，小茴香 0.15 kg，硝酸钠 0.025 kg，食盐 2.5～3.0 kg，生姜 0.2 kg，干橘皮 0.05～0.10 kg，八角 0.25 kg，绍酒 2～2.5 kg。

2. 操作要点

（1）原料选择与整理　选用苏州、湖州地区的卫检合格的健康猪，肉质新鲜，皮细有弹性。原料肉须是割去奶脯后的方肉。修净皮上余毛和拔去毛根，洗净沥干，再切割成长约 15 cm、宽约 11 cm 的块形。并用刀根或铁杆在肋骨两侧戳出距离大致相等的一排小洞（切勿穿皮）。

（2）腌制　将食盐 2.5～3 kg 和硝酸钠 0.025 kg 用 50 kg 开水搅拌溶解成腌制溶液。冷却后，把酱肉坯摊放在缸或桶内，将腌制液洒在肉料上，冬天还要擦盐腌制，然后将其放入容器中腌制。腌制时间春秋季为 2～3 天，冬季为 4～5 天，夏季不能过夜，否则会变质。

（3）配汤（俗称酱汤）　取 100 kg 水，放入酱油 5 kg，使之呈不透明的深酱色，再把全部辅料放入料袋（小茴香放在布袋内）后投入汤料中，旺火煮沸后取出香辛料（其中桂皮、小茴香可再利用一次）备用。用量视汤汁浓度而定，用前须煮沸并撇净浮油。

（4）酱制　将腌好的肉料排放锅内，加酱汤浸没肉料，加盖，并放上重物压好，旺火煮沸，打开锅盖，加绍酒 2～2.5 kg，加盖用旺火煮沸，改用微火焖 45 min，加冰糖屑或白糖 1.5 kg，再用小火焖 2 h，至皮烂肉酥时出锅。出锅时，左手持一特制的有漏眼的短柄阔铲刀，右手用尖筷将肉捞到铲刀上，皮朝下放在盘中，随即剔除肋骨和脆骨即为成品，趁热上市。

四、苏州酱肉

1. 原料配方

以 100 kg 新鲜猪肉计：酱油 3 kg，葱 2 kg，八角 0.2 kg，白糖 1 kg，食盐 6～7 kg，生姜 0.2 kg，橘皮 0.1 kg，桂皮 0.14 kg，绍酒 3 kg，硝酸盐 0.05 kg。

2. 操作要点

（1）原料选择与整理　选用皮薄、肉质鲜嫩，背膘不超过 2 cm 的健康带皮猪肋条肉为原料。刮净毛，清除血污，然后切成长方形肉块，每块重约 0.8 kg，并在每块肉的肋骨间用刀戳上 8～12 个刀眼，以便吸收盐分和调料。

（2）腌制　将食盐和硝酸盐的水溶液洒在原料肉上，并在坯料的肥膘和表皮上用手擦盐，随即放入木桶中腌制 5～6 h。然后，再转入盐卤缸中腌制，时间因气温而定。若室温在 20℃ 左右，需腌制 12 h；室温在 30℃ 以上，只需腌制数小时；室温 10℃ 左右时，需要腌制 1～2 天。

（3）酱制　捞出腌好的肉块，沥去盐卤。锅内先放入老汤，旺火烧开，放入各种香料、辅料，然后将原料肉投入锅内，用旺火烧开，并加入绍酒和酱油，改用小火焖煮 2 h，待皮色转变为麦秸黄色时，即可出锅。如锅内肉量较多，须在烧煮 1 h 后进行翻锅，促使成熟均匀。加糖时间应在出锅前 0.5 h 左右。出锅时将肉上的浮沫撇尽，皮朝上逐块排列在清洁的食品盘内，并趁热将肋骨拆掉，保持外形美观，冷却后即为成品。

五、天津酱肉

1. 原料配方

新鲜猪肉 10 kg，酱油 500 g，盐 400 g，葱 200 g，白糖 100 g，姜 200 g，绍酒 150 g，八角 30 g。

2. 操作要点

（1）原料选择和整理 选用膘厚 1.5～2 cm 的猪肉，修去碎肉碎油，切成 500 g 左右的方块，清洗干净。

（2）水氽 将肉块于沸水锅内氽约半小时，撇去浮沫，以去掉血汁。

（3）酱制 将氽好的肉块放入酱锅内，加入所有配料，加水至使肉淹没，先用旺火烧开 30 min，再用小火炖 3.5～4 h，待汤汁浸透时即为成品。

六、北京清酱肉

北京清酱肉是选用猪后臀部位的肉加工而成，是北京著名特产，与金华火腿、广东腊肉并称为中国三大名肉，驰名国内外。

1. 原料配方（以 100 kg 新鲜猪肉计）

酱油 30 kg，花椒面 0.1 kg，盐粒 3.5 kg，五香粉适量。

2. 操作要点

北京清酱肉在制作时，先将猪后臀修整切平，撒上五香粉腌制 1 天。腌制结束后，将肉放在上木案上，压制 4～5 天，使肉压实。当肉压实后，串上绳子，进行晾晒 1 天左右。然后，将晾晒好的肉放入缸中，用酱油泡制 7 天左右。泡制结束后，再进行 1 个月左右的晾晒，直到干透为止。北京清酱肉经过 1 个夏天后，由红色变为紫红色。食用时，需要剥去一层火油边，以免影响味道，用清水煮约 2 h，即可。

七、北京酱猪肉

1. 原料配方（以 50 kg 猪肉下料）

食盐 2.5～3 kg，大葱 500 g，白砂糖 100 g，花椒 100 g，八角 100 g，鲜姜 250 g，桂皮 150 g，小茴香 50 g。

2. 操作要点

（1）原料的选择与整理 选用卫生检查合格、皮嫩膘薄的猪肉，以肘子、五花肉等部位为佳。

酱制原料的整理加工是做好酱肉的重要一环，一般分为洗涤、分档、刀工等几道工序。首先用喷灯把猪皮上带的毛烧干净，然后手小刀刮净皮上焦糊的地方。去掉肉上的排骨、杂骨、碎骨、淋巴结、淤血、杂污、板油及多余的肌肉、奶脯。最好选择五花肉，切成长 17 cm、宽 14 cm 的肉块，要求大小均匀。然后将准备好的原料肉放入有流动自来水的容器内，浸泡 4 h 左右，泡去一些血腥味，捞出并用硬刷子洗刷干净，以备入锅酱制。

（2）焯水 焯水是酱前预制的常用方法。目的是排除血污和腥膻、臊异味。所谓焯水就是将准备好的原料肉投入沸水锅内加热，煮至半熟或刚熟的操作。原料肉经过这样的处理后，再入酱锅酱制。其成品表面光洁，味道醇香，质量好，易保存。

操作时，把准备好的料袋、盐和水同时放入铁锅内熬煮。水量一次要加足，不要中途加凉水，以免使原料受热不均匀而影响原料肉的水煮质量。一般控制在刚好淹没原料肉为好，控制好火力大小，以保持微沸，以及保持原料肉鲜香和滋润度。要根据需要，视原料肉老嫩，适时、有区别地从汤面沸腾处捞出原料肉（要一次性地把原料肉同时放入锅内，不要边煮边捞，又边下料，影响原料的鲜香味和色泽）。再把原料肉放放开水锅内煮 40 min 左右，不盖锅盖，随时撇出浮沫。然后捞出放入容器内，用凉水洗净原料肉上的血沫和油脂。同时把原料肉分成肥瘦、软硬两种，以待码锅。

（3）清汤　待原料肉捞出后，再把锅内的汤过一次罗，去尽锅底和汤中的肉渣，并把汤面浮油用铁勺撇净。如果发现汤要沸腾，适当时加入一些凉水，不使其沸腾，直到把杂质、浮沫撇干净，观察汤呈微青的透明状、清汤即可。

（4）码锅　原料锅要刷洗干净，不得有杂质、油污，并放入 1.5～2 kg 的净水，以防干锅。用一个约 40 cm 直径的圆铁算垫在锅底，然后再用 20 cm×6 cm 的竹板（猪下巴骨、扇骨也可以）整齐码垫在铁算上。注意一定在码紧、码实，防止开锅时沸腾的汤把原料肉冲散，并把热水冲干净的料袋放在锅中心附近，注意码锅时不要使肉渣掉入锅底。把清好的汤放入码好原料肉的锅内，并漫过肉面，不要中途加凉水，以免使原料肉受热不均匀。

（5）酱制　将各种香辛料放入宽松的纱布袋内，扎紧袋口，不宜装得太满，以免香料遇水胀破纱袋，影响酱汁质量。大葱和鲜姜另装一个料袋，因这种料一般只能一次使用。可根据具体情况适当放一点香叶、砂仁、白豆蔻、丁香等。

码锅后，盖上锅盖，用旺火煮 2～3 h，然后打开锅盖，适量放糖色（用白砂糖炒制），达到枣红色，以补救煮制中的不足。等到汤逐渐变浓时，改有中火焖煮 1 h，用手触摸肉块是否熟软，尤其是肉皮。观察捞出的肉汤是否黏稠，汤面是否保留在原料肉的三分之一，达到以上标准，即为半成品。

（6）出锅　达到半成品时应及时把中火改为小火，小火不能停，汤汁要起小泡，否则酱汁出油。出锅时将酱肉块整齐地码放在盘内，皮朝上。然后把锅内的竹板、铁算取出，使用微火，不停地搅拌汤汁，始终要保持汤汁内有小泡沫，直到黏稠状。如果颜色浅，在搅拌当中可继续放一些糖色，使成品达到栗色，赶快把酱汁从铁锅内倒出，放入洁净的容器中，继续用铁勺搅拌，使酱汁的温度降到 50～60℃，用炊帚尖部点刷在酱肉上，晾凉即为成品。如果熬制把握不大，又没老汤，可用猪爪、猪皮和酱肉同时酱制，并码放在原料肉的下层，可解决酱汁质量不好或酱汁不足的缺陷。

八、真不同酱肉

1. 原料配方

带皮猪五花肉 10 kg，白糖 50 kg，葱 16 g，蒜 10 g，食盐 200 g，白酒 30 g，鲜姜 10 g，硝酸钾 2 g，香料包（八角、丁香、山柰、白芷、花椒、桂皮、草豆蔻、良姜、小茴香、草果、陈皮、肉桂各 3 g）。

2. 操作要点

（1）原料选择和整理　选用带皮的五花肉，切成 600 g 重的方块，用水浸泡 20 min，再刮净皮上的余毛。

（2）浸烫　锅内加水烧开，下入肉块，待肉紧致，捞出，再放入冷水中。

（3）煮制　锅内放入老汤，烧开后撇去浮沫，再加入食盐、白糖、白酒、葱段、鲜姜片、蒜，烧开，下入浸烫好的肉块，最后放入硝酸钾，压好肉块，烧开，用文火煮 1～1.5 h，至熟即可。

九、太原青酱肉

1. 原料配方

猪后腿肉 10 kg，炒过的盐 250 g，花椒面 10 g。

2. 操作要点

（1）原料的选择和整理　选用新鲜的猪后腿肉，剔去骨头，不要碰坏骨膜。

（2）腌制　将盐和花椒面拌匀，均匀地撒在肉上，每天一次，连续四天。第四天把搓撒好辅料的肉块垛起来，用木板加重物压四天。压好后，将腌肉放入缸中，浸泡 8 天后，捞出。

（3）风干　沥干的肉块吊放在阴凉通风处风干 2 个月。

（4）煮制　风干好的肉块放入温水中，刷洗干净，再放入开水锅中煮 1～1.5 h，注意火候，不要煮得太烂。煮好的肉块捞出，剥去外皮，放凉即可。

十、内蒙古酱猪肉

1. 原料配方

猪肉 10 kg，酱油 1 kg，盐 400 g，大葱 200 g，白酒 100 g，鲜姜 50 g，白糖 40 g。

2. 操作要点

（1）原料的选择和整理　选用卫生检验合格的去骨带皮的修整干净的猪肉，切成 10～15 cm 见方或长方形的块状。

（2）煮制　将肉块放入开水中煮 3 h 后，将各种辅料装入料袋中，放入原汤中再煮 4～5 h。将已煮好的猪肉取出，再将原汤熬成糊状涂抹在肉块的膘皮上即为酱猪肉。

十一、山西酱猪肉

1. 原料配方

猪肋条肉（五花肉）10 kg，猪蹄 2 kg，桂皮 0.02 kg，花椒 0.012 kg，八角 0.024 kg，盐 0.12 kg，姜 0.08 kg，小葱 0.04 kg。

2. 操作要点

（1）原料的选择和整理　选择肉细皮薄、不肥不瘦的上等肉。将选好的肉块放入冷水中浸泡 8～9 h，以去掉淤血。

（2）煮制　将浸泡好的肉块和猪蹄放入锅中，加入适量的水和调料，煮 1～1.5 h，将肉捞出，放入冷水内，清除卤汤表面浮沫，再将肉放入锅内，加入少量冷水，上火烧沸后，再改小火焖煮直至肉烂，汤汁变浓时即可。

（3）成品　将肉捞出，将每块肉带皮一面刷上一层原卤即为成品。

十二、苏州酱汁猪肉

1. 原料配方（以 100 kg 猪肉计）

绍酒 4～5 kg，白糖 5 kg，食盐 3 kg，红曲米 1.2 kg，桂皮 0.2 kg，八角 0.2 kg，葱 2 kg，生姜 0.2 kg，冰糖适量。

2. 操作要点

（1）原料选择与整理　选用新鲜有弹性的五花肉为原料。将五花肉横竖切成 3 cm 见方的小方块。锅内放满水，放入肉块，大火烧开，烧至锅里出现浮沫，肉块变色，捞出，用凉水冲掉肉块表面浮沫。

（2）煮制　锅内放入冷水，放入红曲米粉和辅料（盐、白糖除外），大火烧至水开。炒锅底部铺一层葱段，焯好的五花肉块肉皮朝上摆放在葱段上，放入焯好的肉块和汤液，盖好锅盖大火烧开，转中火焖制 30 min，加入冰糖，煮 30 min 后加入盐，焖煮 20 min 后，开大火使汤汁收干至浓稠即可。

十三、汴京酱汁肉

1. 原料配方

猪肉 10 kg，食盐 600 g，酱油 300 g，绍酒 300 g，白糖 100 g，大葱 200 g，桂皮 16 g，八角 20 g，鲜姜 20 g，硝酸钾 5 g。

2. 操作要点

（1）原料的选择和整理　选用符合卫生检验要求的新鲜带皮的软硬肋猪肉，将选好的肉清洗干净，再切成 10 cm 见方的肉块。

（2）煮制　将切好的肉块放入锅内，再加辅料（精盐、白糖除外）和老汤，用旺火煮 30 min，再用文火焖煮 1 h，锅中汤液要保持微沸，煮至 1 h 后，加入食盐和白糖，再焖煮 30 min。捞出，晾凉即为成品。

十四、信阳酱汁猪肉

1. 原料配方

猪肉 10 kg，食盐 350 g，白糖 500 g，绍酒 150 g，白酒 100 g，鲜姜 200 g，花椒 20 g，八角 40 g，茴香 30 g，丁香 10 g，草果 10 g，肉桂 10 g，良姜 10 g，桂皮 20 g，白芷 10 g，硝酸钾 2 g。

2. 操作要点

（1）原料的选择和整理　选用符合卫生检验要求的鲜猪肉，洗净，切成肉块。

（2）腌制　肉块加食盐，腌制 3 天。

（3）煮制　将腌好的猪肉放入老汤锅中煮沸，再将辅料中的香辛料装入纱布袋中，放入锅内，同时也放入其他辅料，大火烧沸 1 h 后，用小火再煮 1 h。捞出，晾凉，即为成品。

十五、武汉酱汁方肉

1. 原料配方

猪肉 10 kg，酱油 100 g，食盐 400 g，白糖 200 g，茴香 60 g，桂皮 50 g，黄酒 200 g，红曲米 100 g，味精 5 g。

2. 操作要点

（1）原料的选择和整理　选用符合卫生检验要求的猪肉，切成大小适宜的方块。

（2）腌制　用盐腌 10 h 左右。

（3）煮制　将腌好的肉块放入开水中旺火煮制 60 min，然后捞出用清水冲洗干净。将其放入老汤锅中并加入装有其他辅料的料包煮 150 min 即可。

十六、哈尔滨酱汁五花肉

1. 原料配方

猪五花肉 5 kg，食盐 200 g，鲜姜 25 g，八角 5 g，糖色 25 g，花椒 5 g，黄酒 40 g，桂皮 10 g。

2. 操作要点

（1）原料的选择和整理　选用符合卫生检验要求的带皮猪肋条五花肉，清洗干净，将其切成长方形肉块。

（2）水余　将肉块放在白开水锅里，水要高于肉面 6 cm，随时清掉浮沫，煮制 30 min，捞出。

（3）煮制　按配料标准将八角、花椒、桂皮、鲜姜等用纱布袋装好，和食盐一起放入锅内，加水煮制，再放入肉块煮制 60 min，汤的温度保持在 95℃左右，随时撇净浮沫，出锅后用清水冲洗干净，放在容器内。把煮制的原汤用纱布过滤，将肉渣、碎末去除。

（4）酱制　把煮锅刷洗干净后用箅子垫在锅底以防止肉粘在锅底焦煳，然后将肉块紧密摆在四周，中间留一空心，再把清过的原汤从中间倒入，约煮 3 h，前 2 h 的汤温保持 100℃，后 1 h 的汤温保持在 85℃左右，此时汤已成汁，放入黄酒和糖色，立即关火，将肉捞出，肉皮向上平放在擦有原汤汁的盘中。将剩余的酱汁分两次涂抹在肉皮上。

十七、酱猪肋肉

1. 原料配方（以 100 kg 猪肋条肉计）

酱油 1.5 kg，白糖 0.5 kg，八角 0.1 kg，绍酒 1.5 kg，硝酸钠 0.025 kg，葱 1 kg，食盐 3～3.5 kg，桂皮 0.075 kg，新鲜柑皮 0.05 kg，生姜 0.1 kg。

2. 操作要点

（1）原料选择与整理　选用皮薄、肉质鲜嫩的猪肋条为原料，每块以在 30～35 kg 为宜，肥膘不超过 2 cm。整方肋条肉刮净毛、清除血污等杂物后，切成 10 cm×15 cm 0.8 kg 左右的长方块。在每块肉上用刀戳 8～10 个刀眼（肋骨间），大排骨带肥膘的条肉，要在背脊骨关节处斩开，以便于吸收盐分。

（2）腌制　将食盐和硝水（将 0.025 kg 硝酸钠溶化制卤水 1 kg）洒在肉块上，并在每块肉的四周用手擦盐，再将肉置于桶中，5～6 h 后转入盐卤缸中腌制，腌制时间视气候而定，如气温（室内温度）在 20℃左右，腌制 12 h，夏季室温在 30℃以上时，只需腌制数小时，冬季则需腌 1～2 天。

（3）煮制　将肉块自缸中捞出，沥于卤汁，锅内先放入老汤用旺火烧开，放入香辛料，将肉块倒入锅内，用旺火烧开，加入绍酒、酱油等辅料后，改用小火，焖煮约 2 h，待皮色转为金黄色时即可。白糖需掌握在起锅前 0.5 h 加入。如锅内酱肉数量多，必须在烧煮约 1 h 后进行翻锅，以防止上硬下烂。出锅时皮朝下逐块排列在盘内，并趁热将肉上的肋骨拔出，待其冷却，即为成品。

十八、家制酱方肉

1. 原料配方（以 100 kg 猪方肋肉计）

食盐 5 kg，黄酒 2.5 kg，白糖 7.5 kg，酱油 2.5 kg，红曲米 1.5 kg，葱、

姜少许，花椒、八角、桂皮适量。

2. 操作要点

（1）原料选择与整理　酱方肉制作时，是取肋条方肉一块，刮尽毛污，洗后沥干，用刀尖等距离戳成排洞。

（2）炒盐　将食盐与八角按 100∶6 的比例在锅中炒制，炒干并出现八角香味时即成炒盐。炒盐要保存好，防止回潮。

（3）腌制　将炒好的盐均匀地撒在处理好的肉面上，用手揉擦至盐粒溶化后，再擦皮面。擦盐结束后，将肉在低温下进行腌制 4～5 天后，取出漂洗干净，在水中浸泡 1 天左右，以除去过多的咸味。

（4）煮制　然后将肉块置于砂锅中进行预煮，加水量要超过肉面，加入部分葱、姜，烧煮将沸时，撇去浮沫，至汤沸后，再用小火焖至七成熟时捞出，趁热抽去肋骨后，入锅加汤，然后将香辛料包、葱、姜、红曲米等放入锅内，加白糖、酱油和黄酒，调味后煮沸，改用小火焖酥捞出。

十九、无锡酱排骨

无锡酱排骨又名无锡酥骨肉、无锡肉骨头，是历史悠久、闻名中外的无锡传统名产之一。

1. 原料配方（以 100 kg 猪排骨计）

（1）配方一　酱油 13 kg，食盐 9 kg，白糖 6 kg，料酒 3 kg，八角 0.5 kg，葱 0.5 kg，生姜 0.5 kg，桂皮 0.5 kg，丁香 0.2 kg，味川神厨卤味增香膏 0.6～0.8 kg，硝酸钠适量。

（2）配料二　酱油 10 kg，白糖 6 kg，绍酒 3 kg，食盐 5 kg，硝酸钠 0.03 kg，姜 0.5 kg，桂皮 0.3 kg，小茴香 0.25 kg，丁香 0.3 kg，味精 0.06 kg。

（3）配料三　酱油 13 kg，白糖 6 kg，食盐 9 kg，丁香 0.2 kg，料酒 3 kg，八角 0.5 kg，桂皮 0.5 kg，葱 0.5 kg，生姜 0.15 kg，硝酸钠少许。

（4）配料四　食盐 3 kg，酱油 10 kg，料酒 3 kg，白糖 6 kg，味精 0.2 kg，葱 0.5 kg，生姜 0.5 kg，桂皮 0.3 kg，小茴香 0.26 kg，丁香 0.25 kg，硝酸钠 0.03 kg。

2. 操作要点

（1）原料选择与整理　选用饲养期短，肉质鲜嫩的猪，选其胸腔骨为原料，也可采用肋条（去皮去膘，称肋排）和脊背大排骨，以前夹心肋排为佳。骨肉重量比约为 1∶3。将排骨切成长方块，注意外形要整齐，大小基本相同，每块重约 150 g。

（2）腌制　将硝酸钠、食盐用水溶解拌匀，均匀洒在排骨上，然后置于缸内腌制。也可将生排骨放在缸内，加进食盐和已溶解的硝酸钠，并用木棒搅拌，使咸味均匀，搅至排骨"出汗"时取出，晾放一昼夜，沥尽血水。夏季腌制 4 h，春秋季 8 h，冬季 10~24 h。在腌制过程中须上下翻动 1~2 次，使咸味均匀。

（3）烧煮　将腌制好的排骨块坯料从缸中捞出，清水冲洗，然后将坯料放入锅内加满清水烧煮 1 h，上下翻动，随时撇去肉汤中的血沫、浮油和碎骨屑等，经煮沸后取出坯料，并用清水冲洗干净后，沥干待用。将葱、姜、桂皮等香辛料分装成三个布袋，放在锅底，然后将坯料再放入锅垫内（烧煮熟肉制品特制的竹篾管），按顺序加入酱油、绍酒、食盐及去除杂质的白烧肉汤，汤的数量掌握在低于坯料平面 3~4 cm（以 3.3 cm 为佳，又称紧汤）处。如加入老汤，应该将老汤预先烧开和过滤后的白烧肉汤一起倒入锅中。然后盖上锅盖，用旺火烧煮 2 h 左右，加入味川神厨卤味增香膏，改用文火焖 10~20 min，待汤汁变浓时即退火出锅，放通风处冷却。或者盖上锅盖，用旺火煮开，加上料酒、酱油和食盐，并持续 30 min，改用小火焖煮 2 h。在焖煮中不要上下翻动，焖至骨肉酥透时，加入白糖，再用旺火烧 10 min，待汤汁变浓稠，即退火出锅。

（4）制卤　从锅内取出部分原汁加糖，用文火熬 10~15 min，使汤汁浓缩成卤汁。浇在烧煮过的排骨上，即成酱排骨。或者将锅内原汁撇去油质碎肉（浮油），滤去碎骨碎肉，取出部分加味精调匀后，均匀地洒在成品上。锅内剩余汤汁（即老汤或老卤）注意保存，循环使用。

二十、北京南味酱排骨

北京南味酱排骨是无锡酱排骨结合北京的口味所制作的产品，兼具了南方和北方的口味特色。

1. 原料配方（以 100 kg 含肉量 60% 的猪排骨计）

料酒 3.5 kg，白糖 5 kg，盐粒 3 kg，白酱油 2.5 kg，红曲米 0.8 kg，大葱 2 kg，八角 0.2 kg，桂皮 0.2 kg，硝酸钠 0.05 kg，鲜姜 0.4 kg。

2. 操作要点

（1）腌制　先将排骨切割成每块 100 g，用盐粒、硝酸钠水腌制透红。

（2）煮制　将腌好的排骨放入锅内煮 10 min，加红曲米再煮 20 min 后捞出，用清水洗净，然后将汤清好从锅内舀出，锅刷干净后，放入竹算子，算子上放好原料和辅料袋，再把清好的汤倒回锅内，用旺火煮 90 min 后，放入 70% 白糖和料酒，用微火煮 1 h，即可出锅。

（3）浇汤　把剩余白糖加入锅内，熬成浓汤汁，用浓汤汁涂抹在排骨上即为成品。

二十一、家制无锡酱排骨

1. 原料配方（以 5 kg 猪排骨计）

绍酒 125 g，葱 2 g，食盐 20 g，生姜 2 g，酱油 50 g，八角 2 g，白糖 25 g，桂皮 2 g。

2. 操作要点

（1）原料处理　将排骨洗净，斩成适当大小的块，用盐拌匀后腌 12 h。

（2）预煮　将腌制好的排骨取出，放入锅内，加入清水浸没，用旺火烧沸，捞出洗净，将锅里的汤倒掉。

（3）烹制　在锅内放入竹箅垫底，将排骨整齐地放入，加入绍酒、葱结、姜块、八角、桂皮和 250 g 清水，盖上锅盖，用旺火烧沸，加入酱油、白糖，盖好盖，用中火烧至汁稠，食用时改刀再装盘，并浇上原汁即可。

二十二、天福号酱肘子

北京酱肘子以天福号的最有名。天福号始创于清乾隆三年（公元 1738 年），至今已有 200 多年的历史，曾作为清王朝的贡品。天福号酱肘子选料严格，精工细作，制成的产品呈黑（红）色，香味扑鼻，肉烂香嫩，吃时流出清油，不腻利口。

1. 原料配方（以 100 kg 猪肘子计）

食盐 4 kg，白糖 0.8 kg，桂皮 0.2 kg，绍酒 0.8 kg，生姜 0.5 kg，花椒 0.1 kg，八角 0.1 kg。

2. 操作要点

（1）原料选择及整理　选用重 1.75～2.25 kg 的仔猪前腿作为原料，要求大小一致、肉质肥瘦、肉皮薄厚基本一样，无刀伤，外形完整。将原料浸泡在温水中，刮净皮上的油垢，用镊子镊去残毛，用清水洗涤干净，沥干备用。

（2）煮制　将洗净的肘子与调味料一起放入锅中，加水与肉平齐，旺火煮沸并保持 1 h，待到汤的上层煮出油后，把肘肉取出，用清洁的冷水冲洗。与此同时，捞出肉汤中的残渣碎骨，撇去表面油层，再把肉汤过滤两次，彻底除去汤中的碎肉碎骨及块状调味料，把过滤好的汤汁倒入洗净的锅中，然后再把肘子肉放入锅中，用更旺的火煮 4 h，最后用文火（汤表面冒小泡）焖 1 h（约 90℃），使煮肘肉出的油再渗进肉内，即为成品。老汤可连续使用。

二十三、太原酱肘花

太原酱肘花是太原市历史传统名品之一。此品系将肘肉卷压缠捆，卤酱成熟后切片冷食，因横断面有云波状花纹，故称缠花云梦肉，俗称为"酱肘花"。

1. 原料配方（以 100 kg 猪肘子计）

食盐 3 kg，生姜 0.5 kg，桂皮 0.26 kg，糖色 0.4 kg，花椒 0.12 kg，八角 0.15 kg，绍酒 0.2 kg。

2. 操作要点

（1）原料处理　先将肘子煺尽猪毛，去骨，洗净后用冷水浸泡 2~3 h，控净水分后待用。

（2）腌制　用食盐和花椒反复揉搓，腌渍 1 天后，再将肘子逐个卷成柱状，皮朝外，再用细麻绳反复缠捆。

（3）酱制　将卤酱的老汤上火烧开，撇去浮沫，将肘子及调料袋放入卤锅，烧开后用小火焖煮 2 h，捞出晾凉。

（4）二次酱制　将卤汤撇去油，过滤后再将肘子垫箅子于锅内摆放好后，用小火煮 2 h，然后焖 1 h，捞出晾凉。

（5）刷酱汁　去掉缠捆的绳子，再将酱汁刷在肘花上面，使之挂在肘花表面，晾凉后即为成品。食用时横断切薄片即可。

二十四、酱肘子

1. 原料配方（以 100 kg 猪肘子计）

（1）料汤配方（以 100 kg 料汤计）：花椒 0.2 kg，八角 0.3 kg，大蒜 0.5 kg，红辣椒 0.05 kg，料汁适量，食盐适量。

（2）煮制配方（以猪肘子 100 kg 计）：食盐 1 kg，料汤 0.5 kg，白糖 0.5 kg。

2. 操作要点

（1）原料选择与整理　选择瘦肉率高的进口白猪前肘作为原料，要求皮嫩膘薄、大小均匀。如原料为冻品，需要用水解冻，使肘子呈半解冻状态。然后用喷灯烧净皮上所带残毛。清水浸泡 10 min，用刀刮净皮上污泥及焦煳的地方。接下来进行剔骨工序，即刀先后从猪肘两端插入，沿骨缘划一圈，剔除膝盖，再割断与骨相联的骨膜、韧带、肌肉等。将骨头取出。剔骨操作不能破坏肌肉结构，更不能破坏肉皮，以免影响腌制和外形美观。然后用清水冲洗干净，沥水后待用。解冻及清洗用水需洁净，不应含铁、铜等物质。

（2）腌制　腌制前首先进行腌制剂的配制，即老汤冷却后除油过滤，调盐度 10 °Bé。然后采用盐水注射机进行肌内注射，注射机针头直接插入肌肉内，注射速度不能过快，保证肌肉饱满，腌制液不外溢。注射量为肘子重的 10%，注射结束后，再将肘子浸入腌制液中，在 2~3℃下腌制 12 h。

（3）调制料汤　加入适量食盐使料汤的盐度调至 8 °Bé，煮沸后去除表层污物；然后加入各种调料和熬好的料汁，即为料汤。

（4）煮制　将腌制好的猪肘沥尽腌制剂后入锅进行煮制。按肘子的量加入食盐、白糖和料汤，大火煮沸后调文火，保持汤温95～98℃，170 min左右。肘子在汤沸后下锅，小火煮制时应保持汤面微开，即"沸而不腾"，煮制中间翻动1次，保证均匀上色，成熟时间一致，出锅前将汤液煮沸。

（5）出锅　肘子出锅时应轻捞轻放，避免碰破、摔碎。

二十五、酱猪头肉

1. 原料配方

（1）主料　猪头肉70 kg。

（2）浸锅辅料　桂皮50 g，山奈40 g，白芷40 g，丁香20 g，花椒20 g，小茴香20 g，八角10 g。

（3）酱锅辅料　酱油2 kg，盐3 kg，白糖400 g，绍酒400 g，大葱150 g，姜30 g，大蒜30 g，八角20 g，硝酸钠10 g。

2. 操作要点

（1）原料整理　以新鲜猪头为原料，刮净毛污，修去伤疤。先将头部下巴中间的皮肉挑开，打掉牙板骨，再将头骨劈开，割掉喉骨，取出猪脑，拆去头骨，用水洗净，即成头片。

（2）焯水　将浸锅辅料加水70 kg，煮成浸汤，然后下入头片浸煮25 min，翻锅，再浸煮25 min，捞出，沥去浸汤。

（3）酱制　另起锅，加酱锅辅料和70 kg水制成酱汤，下入焯过水的头片，酱煮25 min，翻锅，再酱煮25 min，出锅摊在盘内，凉透即为成品。

二十六、宿迁猪头肉

1. 原料配方

鲜猪头肉15 kg，猪肉老汤6 kg，酱油3 kg，料酒400 g，白糖400 g，香油100 g，葱段80 g，味精40 g，姜片40 g，蒜片40 g，八角30 g，桂皮30 g。

2. 操作要点

（1）原料的选择和整理　将选好的鲜猪头肉放入清水中，去净余毛，刮洗干净，再猪面朝下放在砧板上，从后脑中间劈开，挖出猪脑，剔去骨头，割下两耳，去掉眼圈、鼻子。猪脸切成两块，下巴切成三块，再放入清水中，泡去血污。

（2）浸煮　将泡好的猪头肉捞出，放入沸水锅中，烧煮约20 min，捞出洗净，再切成5 cm的方块。

（3）酱制　锅底放竹箅子，放上猪头肉块，加酱油、猪肉老汤、葱段、姜片、蒜片旺火烧沸，撇去浮沫，加入八角、桂皮、料酒，盖上锅盖再烧煮约20 min，加白糖、味精，滴入香油，即为成品。

二十七、天津酱猪头肉

1. 原料配方（以 100 kg 猪头肉计）

酱油 4 kg，食盐 3 kg，黄酒 0.5 kg，大葱 0.2 kg，生姜 0.2 kg，花椒 0.1 kg，白芷 0.05 kg，八角 0.1 kg，山柰 0.05 kg，桂皮 0.1 kg，丁香 0.05 kg，小茴香 0.1 kg，大蒜 0.1 kg。

2. 操作要点

天津酱猪头肉制作时，需要选用合格的猪头肉作为原料，选好的原料刮净毛垢、割掉淋巴结后，用清水刷洗干净，然后放入清水中泡 4 h，除去血污，接着用开水焯 30 min 左右，然后将焯过水的猪头肉放入老汤锅内，加入全部辅料，煮制 2 h 左右后捞出即为成品。

二十八、秦雁五香猪头肉

1. 原料配方

新鲜猪头肉 10 kg，酱油 300 g，食盐 250 g，姜片 50 g，八角 30 g，花椒 30 g，山柰 30 g，良姜 30 g，白酒 40 g，桂皮 30 g，丁香 30 g，小茴香 10 g。

2. 操作要点

（1）原料选择和整理　选用新鲜猪头肉，彻底刮净猪头表面毛污，取出口条，猪头劈开，取出猪脑，用清水洗净。

（2）水焯　洗净的猪头肉下入开水中氽烫，捞出，清洗干净。

（3）酱制　锅中放入老汤、辅料和烫好的猪头肉，再加水漫过猪头肉，大火烧开，慢火煨 2 小时出锅。出锅的猪头肉，趁热拆除骨头，整形即可。

二十九、苏州五香蹄髈

1. 原料配方

猪蹄髈 10 kg，陈酒 300 g，酱油 800 g，白糖 500 g，食盐 100 g，香辛料（八角、丁香、桂皮、香叶、花椒）80 g，大葱 50 g，生姜 50 g，硝水（3%硝酸钠溶液）100 g（夏季 150 g）。

2. 操作要点

（1）原料的选择和整理　选用符合卫生检验要求的新鲜猪前蹄髈，将选好的猪前蹄髈斩去脚爪，去除骨头。

（2）腌制　将整理好的蹄髈加食盐和硝水拌透，腌 24 h。

（3）煮制　腌制好的蹄髈用水冲洗干净，沥水，放入锅中，用淡水煮至 3 成熟，再翻锅，去除汤内浮油、碎渣，加入陈酒、白糖、姜、葱、香辛料、酱油，开始用大火烧约 1 h，再用文火烧 1 h，出锅即可。

三十、北味肘花

1. 原料配方

猪肘 10 kg，食盐 200 g，桂皮 20 g，花椒 20 g，八角 20 g。

2. 操作要点

（1）原料选择和整理　选用符合卫生检验要求的猪肘。

（2）腌制　将选好的猪肘用盐腌制 7～10 天，再切成大薄片，然后把辅料磨成细粉，铺一层肉加一层辅料面，如此层层铺完，铺好的肉片卷起，用绳捆紧。

（3）煮制　捆好的猪肉，下入锅中煮 2 h，捞出晾干，冷却即为成品。

三十一、樊记腊汁肉

1. 原料配方

猪硬肋肉 5 kg，精盐 150 g，冰糖 30 g，黄酒 100 g，大葱 40 g，姜 40 g，酱油 600 g，香料 60 g。

注：香料包括八角、桂皮、玉果、草果、砂仁、花椒、丁香、良姜、荜拨。

2. 操作要点

（1）原料的选择和整理　选用符合卫生检验要求的鲜猪硬肋肉，将肉按猪体横向切成 6 cm 宽的带骨肉条，清洗干净，沥干水分。

（2）煮制　老汤倒入锅内，放入猪肉条，皮朝上，再加用纱布袋装好的香料袋、葱、姜、精盐、酱油、黄酒，铁算压在肉上，使物料全部浸在老汤中。盖好锅盖，大火加热烧沸，转小火焖煮，保持微开，不翻浪花。煮制过程中，要不断撇出浮沫，约煮 2 h 之后，加冰糖，把肉翻身，继续用小火焖煮 3～4 h，至熟。

三十二、北京酱猪头肉

1. 原料配方（以 100 kg 猪头肉计）

酱油 5 kg，白糖 3 kg，食盐 2.5 kg，料酒 1 kg，葱 1 kg，花椒 0.1 kg，八角 0.3 kg，桂皮 0.3 kg，味精 0.1 kg，硝酸钠 0.05 kg，红曲米适量。

2. 操作要点

（1）原料选择与整理　首先将猪头肉去净毛，剔去骨头，修割干净后，备用。

（2）腌制　接下来用食盐、硝酸钠进行腌制 1～2 天，腌制结束后，捞出用清水清洗干净，沥干后进行煮制。煮制时，将腌制好的猪头肉下锅焯一遍，捞出后用老汤加辅料煮 2～3 h，煮熟出锅后放入不锈钢盘内。

（3）浇汤　最后进行浇汤工序，即将锅内老汤清出，将老汤倒入盛放味精的容器内，搅匀后，把老汤浇在肉上（每 50 kg 加汤 7.5 kg 左右），最后把猪头肉放入冷库内冻 6 h 左右，即为成品。

三十三、砂仁肘子

1. 原料配方

猪肘子 10 kg，白糖 700 g，食盐 300 g，绍酒 200 g，酱油 150 g，红曲米 60 g，葱 50 g，桂皮 30 g，姜 30 g，小茴香 30 g，硝盐 5 g，砂仁 3 g。

2. 操作要点

（1）原料选择和整理　选用猪的整只后腿或前腿，拆去骨头，修去油筋，刮净余毛和杂质。

（2）腌制整形　将修好的肉以整只腿肉形式放在盘中，撒上食盐和硝盐水，拌和后置腌缸中腌制半天到一天，取出用清水清洗干净，沥去水分，洒绍酒，撒砂仁粉，然后将腿肉卷成长圆筒状，用麻绳层层扎紧，如果扎得不紧，肉露皮外，会影响质量。

（3）煮制　先白烧后红烧。白烧开始时，水可放至超出肉体 3 cm 为止，用旺火烧，上下翻动，撇去浮油、杂质，烧开后再用小火焖煮 1 小时左右出锅，再转入红汤锅红烧，先用竹箅垫于锅底及四周，上面铺上一层已拆去骨头的猪头肉，利用猪头胶质使汁浓稠，待肉体焖煮酥烂，出锅即为成品。

三十四、猪头方肉

猪头方肉始产于上海，亦称五香猪头方肉。其制作工艺系采用中式肉制品的酱制方法，西式火腿的成型模具使产品保持传统酱肉的风味、西式火腿的外形。猪头方肉分"红""白"两个品种，分别在配料中使用红、白两种酱油制成。

1. 原料配方（以 100 kg 猪头肉计）

白酱油 9 kg，生姜 0.26 kg，食盐 3 kg，八角 0.26 kg，白糖 4 kg，味精 0.1 kg，料酒 3 kg，桂皮 0.2 kg，葱 0.26 kg，硝酸钠 0.05 kg。

2. 操作要点

（1）原料选择及整理　以猪头肉作原料，割去猪头两面的淋巴和唾液腺，刮净耳、鼻、眼等处的长毛、硬毛和绒毛，并割去面部斑点，洗净血污。

（2）白烧　将猪头放入锅内，加水漫过肉面，加入 50 g 硝酸钠和 1 kg 食盐，旺火烧沸，用铲子翻动原料，撇去浮油杂质，用文火焖煮约 1.5 h，以容易拆骨为宜。取出，用冷水冲浇降温，拆去大骨，除净小骨碎骨，取出眼珠，割去眼皮和唇衣，拣出牙床骨。肉汤过滤备用。

（3）红烧　先在锅底架上竹算，防止原料贴底烧焦，将葱、姜、桂皮和八角分别装于两个小麻布袋内，置于锅底，再放入坯料，肉向下，皮向上，一层一层放入，每层撒一些盐，最后加入料酒、白酱油和过滤后的白烧肉汤，汤的加入量以低于坯料 3 cm 为度。用旺火烧 1.5 h，使坯料酥烂。出锅前 10 min 加入白糖和味精，红烧过程中不必翻动。出锅后稍冷却即可装模。

（4）装模　模具为西式火腿使用的长方形不锈钢成型模具，先在模具内垫上玻璃纸，割下鼻肉和耳朵，切成与模具相适应的长方形块。装模时，将皮贴于模具周围，边缘相互连接，中间放入鼻肉、耳朵、碎肉和瘦肉，注意肥瘦搭配。装满后，上面盖上一层带肉的坯料，用手压紧，倾出模型内流出的汁液，用玻璃纸包严，加模盖并压紧弹簧，放在冷水池中冷却 5～6 h。拆开包装后即为成品，一般切成冷盘食用。

三十五、无锡酱烧肝

"无锡酱烧肝"历史悠久。无锡地区都把它当作一种年菜食用。

1. 原料配方（以 100 kg 鲜猪小肠、猪肝计）

酱油 8 kg，香料包 0.8 kg，黄酒 3 kg，明矾适量，白糖 2.5 kg，硝水适量，生姜 0.8 kg。

注：香料包由八角、肉桂、丁香组成，三者总量为 0.8 kg。

2. 操作要点

（1）原料处理　将猪小肠连同花油割下，翻转清洗整理洁净，放入锅内，加硝水（将 0.06 kg 硝酸钠溶化制卤水 2 kg）、明矾和清水用大火烧，同时用木棍不断搅拌，直到小肠不腻，污垢去净，再用清水洗净，逐根倒套在铁钩上，抹干水分，切成小段。

（2）熟制　将猪肝洗净，放入沸水中煮到四成熟，取出切成小块。然后用一段小肠绕一块猪肝（即用小肠打一个结把小块猪肝结在里面）。

（3）煮制　用适量水，加黄酒、白糖、姜、酱油和香料包，先用大火烧约 2 h，再用小火焖 0.5 h 左右至猪肝煮熟，即可食用。

三十六、酱猪肝

1. 原料配方（以 100 kg 猪肝计）

酱油 100 kg，豆油 3.75 kg，料酒 5 kg，葱 2.5 kg，白糖 1.25 kg，生姜 0.5 kg，胡椒面适量。

2. 操作要点

首先将猪肝泡在水里 1 h 左右，泡尽污物杂质，然后捞出再用开水烫一下。将烫猪肝的水倒掉，加入 50 kg 清水。将葱切成 2 cm 长的段，姜切成薄片，与料酒、胡椒面、酱油、豆油、白糖一起倒进锅里，在微火上烧 1 h 左右。将酱好的猪肝晾凉，然后切成薄片，即可食用。

三十七、酱猪心

1. 原料配方

猪心 10 kg，食盐 0.125 kg，酱油 0.25 kg，葱 0.075 kg，姜 0.1 kg，料酒 0.15 kg，花椒 0.015 kg，八角 0.015 kg，胡椒 0.015 kg，桂皮 0.015 kg，砂仁 0.015 kg，茴香 0.01 kg，丁香 0.01 kg。

2. 操作要点

（1）原料处理　将猪心清洗干净，用刀从中间给剖开，将猪心内的淤血清理出去。锅里放水和料酒烧开后，加入猪心焯水，焯过水以后用冷水清洗干净。

（2）煮制　锅内放入清水，加入全部调料和香料，水烧开后煮 10 min，再把猪心放入，酱至不见血水（用筷子扎）时捞出。

三十八、上海酱猪肚

1. 原料配方（以 100 kg 猪肚计）

白酱油 3.5 kg，白糖 2.5 kg，盐粒 3.5 kg，桂皮 0.1 kg，黄酒 3.5 kg，生姜 0.4 kg，八角 0.2 kg，红曲米 0.2 kg，葱 0.5 kg。

2. 操作要点

选用合格的猪肚，将光滑面翻到外边，用盐搓洗后，再用清水漂洗，除净污物和盐渍。然后进行焯水工序，将处理好的猪肚放入沸水锅内，焯 20 min 左右。焯完水后，即可进行煮制，从焯水锅中捞出后刮掉表皮白膜，放入装好料袋的老汤锅内煮制 2.5 h 左右，捞出即为成品。

三十九、北京酱猪舌

1. 原料配方（以 100 kg 猪舌计）

水 5 kg，食盐 0.35 kg，酱油 0.75 kg，花椒 0.02 kg，八角 0.02 kg，桂皮 0.02 kg，葱 0.008 kg，姜片 0.013 kg，蒜 0.008 kg。

注：用白纱布将八角、花椒、桂皮包入，并扎口，制成香料包。

2. 操作要点

先将猪舌洗净，用开水中浸泡 5～10 min，刮去舌苔，再用刀将猪舌接近喉管处破开，并在喉头处扎一些眼。将处理好的猪舌直接投入酱汤锅（把酱汤辅料放入锅中，烧开溶解即成），先旺火烧开，撇去浮沫，然后用小火焖煮至熟即为成品。

第二节　牛肉酱制品加工

一、酱牛肉

1. 原料配方

牛肉 100 kg，八角 0.6 kg，花椒 0.15 kg，丁香 0.14 kg，砂仁 0.14 kg，桂皮 0.14 kg，黄酱 10 kg，食盐 3 kg，香油 1.5 kg。

2. 操作要点

（1）原料选择与整理　酱牛肉应选用不肥、不瘦的新鲜、优质牛肉，肉质不宜过嫩，否则煮后容易松散，不能保持形状。将原料肉用冷水浸泡清除余血，洗干净后进行剔骨，按部位切肉，把肉再切成 0.5～1 kg 的方块，然后把肉块倒入清水中洗涤干净，同时要把肉块上面覆盖的薄膜去除。

（2）预煮　把肉块放入 100℃的沸水中煮 1 h，目的是除去腥膻味，同时可在水中加几块胡萝卜。煮好后把肉捞出，再放在清水中洗涤干净，洗至无血水为止。

（3）调酱　取一定量水与黄酱拌和，把酱渣捞出，煮沸 1 h，并将浮在汤面上酱沫撇净，盛入容器内备用。

（4）煮制　向煮锅内加水 20～30 kg，待煮沸之后将调料用纱布包好放入锅底。锅底和四周应预先垫以竹箅，使肉块不贴锅壁，避免烧焦。将选好的原料肉，按不同部位肉质老嫩分别放在锅内，通常将结缔组织较多肉质坚韧的部位放在底部，较嫩的、结缔组织较少的放在上层，用旺火煮制 4 h 左右。为使肉块均匀煮烂，每隔 1 h 左右倒锅一次，再加入适量老汤和食盐。必须使每块肉均浸入汤中，再用小火煮制约 1 h，使各种调味料均匀地渗入肉中。

（5）酱制　当浮油上升，汤汁减少时，倒入调好的酱液进行酱制，并将火力继续减少，最后封火煨焖。煨焖的火候掌握在汤汁沸动，但不能冲开汤面上浮油层的程度，全部煮制时间为 6～7 h。

（6）出锅　出锅应注意保持肉块完整，用特制的铁铲将肉逐一托出，并将香油淋在肉块上，使成品光亮油润。酱牛肉的出品率一般为 60％左右。

二、五香酱牛肉

1. 原料配方

牛肉 100 kg，干黄酱 8 kg，肉豆蔻 0.12 kg，油桂 0.2 kg，白芷 0.1 kg，八角 0.3 kg，花椒 0.3 kg，红辣椒 0.4 kg，精盐 3.8 kg，白糖 1 kg，味精 0.4 kg。

2. 操作要点

（1）原料肉的选择与修整　选择优质、新鲜的牛肉进行加工。首先去除淋巴、淤血、碎骨及其表面附着的脂肪和筋膜，然后切割成 500～800 g 的方肉块，浸入清水中浸泡 20 min，捞出冲洗干净，沥水待用。

（2）码锅酱制　先用少许清水把干黄酱、白糖、味精、精盐溶解，锅内加足水，把溶好的酱料入锅，水量以能够浸没牛肉 3～5 cm 为度，旺火烧开，把切好的牛肉下锅，同时将其他香辛料用纱布包裹扎紧入锅，保持旺火，水温为 95～98℃，煮制 1.5 h。

（3）打沫　在酱制过程中，仍然会有少许不溶物及蛋白凝集物产生浮沫，将其清理干净，以免影响产品最终的品质。

（4）翻锅　因肉的部位及老嫩程度不同，在酱制时要翻锅，使其软烂程度尽量一致。一般每锅 1 h 翻一次，同时要保证肉块一直浸没在汤中。

（5）小火焖煮　大火烧开 1.5 h 后，改用小火焖煮，温度控制在 83～85℃ 为宜，时间 5～6 h，这是酱牛肉软烂、入味的关键步骤。

（6）出锅冷却　牛肉酱制好后即可出锅冷却。出锅时用锅里的汤油把捞出的牛肉块复淋洗几次，以冲去肉块表面附着的料渣，然后自然冷却即可。

三、传统酱牛肉

1. 原料配方

牛肉 100 kg，黄酱 10 kg，食盐 2 kg，桂皮 150 g，八角 150 g，砂仁 100 g，丁香 50 g，水 50 kg。

2. 操作要点

（1）牛肉预处理　选用肌肉发达、无病健康的成年肉牛的肉。剔骨后，把肉放入 25℃ 左右温水中浸泡，洗除肉表面血液和杂物。然后把前后腿肉、颈部肉、腹部肉、脊背肉等按部位和质量不同分开。分别切成重约 1 kg 的肉块，放入温水中漂洗，捞出沥干水分。

（2）预煮　锅中加清水旺火烧沸，把整理好的肉加入沸水中。为了去除牛肉的腥味，可同时加入胡萝卜片适量，用旺火烧沸。注意撇除浮沫和杂物。约经 1 h，把肉从锅中捞出，放入清水中漂洗干净，捡出胡萝卜片，捞出沥干水分。

（3）调酱　锅内加入清水 50 kg 左右，同时加入黄酱和食盐。边加热加搅拌溶解，用旺火烧沸，撇除表面浮沫，煮沸 0.5 h 左右。然后过滤除去酱渣，待用。

（4）酱制　先在锅底垫上牛骨或竹箅，以免肉块紧贴锅壁而烧焦。然后把预煮后的肉按质老嫩不同分别放入锅中。一般将结缔组织多的、质地坚韧的肉放在锅的四周和上面。同时将香辛料用纱布包好放入锅中下部，上面用箅子压住，以防肉块上浮。随后倒入调好的酱液，淹没肉面。用旺火烧煮，注意撇除汤液表面浮沫和杂物。烧煮期间视锅内汤液情况可加适量老汤，若无老汤可加清水，使肉淹没在液面以下。2 h 后，翻锅 1 次，改用微火烧煮 3～4 h，其间可再翻锅 1～2 次，待肉酥软，熟烂而不散，即可出锅。为了保持肉块完整不散，出锅时要用铁拍和铁铲把肉逐块从锅内托出。注意用汤汁洗净肉表面浮物，放入盛器中冷却后即为成品。

四、清真酱牛肉

1. 原料配方

牛肉 100 kg，黄酱 10 kg，食盐 3 kg，砂仁 250 g，丁香 250 g，桂皮 250 g，八角 500 g。

2. 操作要点

（1）原料选择与处理　选择优质、新鲜的牛肉，首先用冷水浸泡，清洗淤血，再用板刷将肉洗刷干净，剔除骨头。然后切成 0.75～1 kg 的肉块，并放入清水中冲洗一次，按肉质老嫩分别存放。

（2）调酱　锅内加入清水 50 kg 左右，稍加温后，放入食盐和黄酱。煮沸 1 h，撇去浮在汤面上的酱沫，盛入容器内备用。

（3）装锅　先在锅底和四周垫上肉骨头，以使肉块不紧贴锅壁，然后按肉质老嫩将肉块码在锅内，老的肉块码在锅底部，嫩的放在上面，前腿、腔子肉放在中间。

（4）酱制　肉块在锅内放好后，倒入调好的酱汤。煮沸后再加入各种配料，并用压锅板压好，添上清水，用旺火煮制。煮制 1 h 后，撇去浮沫，再每隔 1 h 翻锅 1 次。并根据耗汤情况，适当加入老汤，使牛肉完全浸没在汤料中。旺火煮制 4 h 之后，再用微火煨煮 4 h，使香味慢慢渗入肉中，并使肉块熟烂一致。

（5）出锅冷却　出锅时用锅里的汤油把捞出的牛肉块复淋洗几次，以冲去肉块表面附着的料渣，然后自然冷却即可。

五、北京酱牛肉

1. 原料配方

牛肉 50 kg，干黄酱 5 kg，食盐 1.85 kg，丁香 150 g，白豆蔻 75 g，砂仁

75 g，肉桂 100 g，白芷 75 g，八角 150 g，花椒 100 g，石榴子 75 g。

2. 操作要点

（1）原料肉的选择与修整　选用经兽医卫生检验合格的优质鲜牛肉或冻牛肉为原料。修割去所有杂质、血污及忌食物后，按不同的部位进行分割，并切成750 g 左右的方肉块，然后用清水冲洗干净，沥净血水，待用。

（2）码锅酱制　将煮锅刷洗干净后放入少量自来水，然后将干黄酱、食盐按肉量配好放入煮锅内，搅拌均匀。随后再放足清水，以能淹没牛肉 2 cm 左右为度。然后用旺火把汤烧开，撇净汤面的酱沫，再把垫锅算子放入锅底，按照牛肉的老嫩程度、吃火大小分别卜锅。肉质老的、吃火大的码放底层，肉质嫩的、吃火小的放在上层。随后仍用旺火把汤烧开，保持微沸约 60 min，待牛肉收身后即可进行翻锅。

（3）翻锅　因肉的部位及老嫩程度不同，在酱制时要翻锅，使其软烂程度尽量一致。一般每锅 1 h 翻一次，同时要保证肉块一直浸没在汤中。翻锅后，继续用文火焖煮。

（4）出锅、冷却酱牛肉需要煮 6～7 h，熟后即可出锅。出锅时用锅里的汤油把捞出的牛肉块复淋洗几次，以冲去肉块表面附着的料渣，最后再用汤油在码放好的酱牛肉上浇洒一遍，然后挖净汤油，放在晾肉间晾凉即为成品。

六、月盛斋酱牛肉

1. 原料配方（以 100 kg 牛肉计）

（1）配方一　八角 0.7 kg，砂仁 0.133 kg，桂皮 0.133 kg，食盐 3.0～4.0 kg，丁香 0.133 kg，黄酱（或甜面酱）10.0 kg。

（2）配方二　食盐 2.75 kg，白芷 0.13 kg，黄酱 10 kg，肉桂 0.13 kg，砂仁 0.1 kg，花椒 0.13 kg，丁香 0.19 kg，石榴子 0.13 kg，八角 0.15 kg。

（3）配方三　食盐 3 kg，白芷 0.12 kg，黄酱 10 kg，花椒 0.12 kg，葱 0.5 kg，姜 0.5 kg，蒜 0.5 kg，石榴子 0.12 kg，肉豆蔻 0.18 kg，小茴香 0.16 kg，丁香 0.03 kg，肉桂 0.12 kg。

2. 操作要点

（1）原料选择及整理　选用膘肉丰满的牛肉，洗净后拆骨，并按部位切成前腿、后腿、腰窝、腱子等，每块约重 1 kg，厚度不超过 40 cm，然后将肉块洗净，并将老嫩肉分别存放。

（2）调酱　一定量水和黄酱拌和，把酱渣捞出，煮沸 1 h，并将浮在汤面上的酱沫撇干净，盛入容器内备用。

（3）装锅　将选好的原料肉，按肉质老嫩分别放在锅内不同部位（通常将结缔组织较多、肉质坚韧的部位放在底部，较嫩的、结缔组织较少的肉放在上层），锅底及四周应预先垫以骨头或竹箅，使肉块不紧贴锅壁，以免烧焦，然后倒入调好的汤液，进行酱制。

（4）酱制　煮沸后加入各种调味料，并在肉上加盖竹箅将肉完全压入水中，煮沸4 h左右。在初煮时将汤面浮物撇出，以消除膻味。为使肉块均匀煮烂，每隔1 h左右翻倒一次，然后视汤汁多少适当加入老汤和食盐。务必使每块肉均进入汤中，再用小火煨煮，使各种调味料均匀地渗入肉中。待浮油上升、汤汁减少时，将火力继续减少，最后封火煨焖。煨焖的火候应掌握在汤汁沸动但不能冲开汤面上浮油层的程度。待肉全部成熟时即可出锅。出锅时应注意保持肉块完整，用特制的铁铲将肉逐块托出，并将余汤冲洒在肉块上，即为成品。保存时需上架晾干。

七、天津清真酱牛肉

1. 原料配方

牛肉5 kg，酱油300 g，大葱100 g，八角20 g，生姜10 g，桂皮10 g，大蒜10 g，山柰5 g，草果2 g，小茴香2 g，丁香1.5 g，香果1 g，花椒1 g，食盐2～3 g。

2. 操作要点

（1）原料的选择和整理　选择符合卫生检验要求、膘满体肥的黄牛肉，以胸口、肋条、短脑、牛腩和腱子等部位为主。原料选好后，清洗干净，把牛肉切成0.5～1 kg的斜方块，然后用清水浸泡，排出血水污物。浸泡时间：秋冬季2～4 h，夏季1.5 h。

（2）烧制　牛肉下锅以前先把老汤煮开，撇去表面泡沫，按照原料不同部位的吃火大小，分别下锅炖煮。一般先下胸口、牛腩、脖头，后下肋条、短脑、腱子放在上边。用老汤浸没全部牛肉，下锅煮20 min，用特制的铁箅子压在牛肉上面，使牛肉能在汤中吃火后，先用急火烧煮30分钟，放入配料再烧煮40 min，放入酱油，再用小火焖煮1.5～2 h，投入食盐，从下锅到煮熟共需4～5 h。在炖煮的过程中，一般要翻锅2～3次。

八、酱牛肝

1. 原料配方（以100 kg鲜牛肝计）

食盐5 kg，面酱2 kg，大葱0.5 kg，糖色0.3 kg，鲜姜0.5 kg，桂皮0.19 kg，大蒜0.5 kg，小茴香0.1 kg，花椒0.1 kg，八角0.2 kg，丁香0.01 kg。

2. 操作要点

（1）原料修正、洗涤　先把鲜牛肝上的苦胆和筋膜小心剔除，切勿撕破，用清水把牛肝上的血污杂质彻底洗净，放入清水锅中煮沸 15 min 左右，然后捞出浸泡在清洁的冷水中。

（2）烫煮　煮锅内加入适量清水，把桂皮、小茴香、丁香、鲜姜、花椒、八角用纱布袋装好，随同其他调料一起投入锅内煮沸，然后加入清水 40 kg（连同锅中水在内的总量），煮沸后将牛肝入锅煮制。

（3）熟制　锅内的水温要保持在 90℃ 左右，切不可过高，否则牛肝会太硬。煮 2 h 左右，把牛肝捞出，冷凉后即为成品。

九、南酱腱子

1. 原料配方（以 100 kg 牛腱子计）

酱油 20 kg，白酒 20 kg，白糖 10 kg，食盐 6 kg，葱 1 kg，鲜姜 1 kg，熟硝 0.04 kg。

2. 操作要点

（1）原料清洗　选用符合卫生要求、整齐的鲜牛腱子作为原料，先切成 200 g 左右的肉块，用凉水浸泡 20 min，以除去血污，然后捞出，清水洗净，将牛腱子放入开水锅中焯一下捞出，放入凉水中清洗干净，沥去水。

（2）煮制　然后在锅里放入清洁的老汤，加入葱、鲜姜、食盐、酱油、白酒、熟硝、白糖，放入牛腱块，用慢火煮制 3 h 左右。

（3）酱制　待牛腱子熟烂，捞出晾凉后，浇上酱汁即为成品。

十、酱牛蹄筋

1. 原料配方（以 100 kg 牛蹄筋计）

食盐 5 kg，面酱 2 kg，大葱 0.5 kg，大蒜 0.5 kg，鲜姜 0.5 kg，糖色 0.3 kg，八角 0.2 kg，桂皮 0.19 kg，花椒 0.1 kg，小茴香 0.1 kg，丁香 0.01 kg。

2. 操作要点

把牛蹄刷洗干净，用开水烫煮 15 min，脱去牛蹄壳，刮去皮毛等，用清水洗净。然后把牛蹄投入沸水锅中，水温保持在 90℃ 左右，约煮 2.5 h，待牛蹄煮熟后取出。把熟牛蹄的趾骨全部剔除，剩余部分全是牛蹄筋。然后在煮锅内加入适量清水，把桂皮、小茴香、丁香、鲜姜、花椒、八角用纱布袋装好，随同其他调料一同投入锅内煮沸，然后加入清水 40 kg（连同锅中水放入总量），煮沸后将牛蹄筋入锅煮制 1 h 左右，待牛蹄筋煮烂熟后，捞出冷却，即为成品。

第三节　羊肉酱制品加工

一、酱羊肉

1. 原料配方（以 100 kg 瘦羊肉计）

（1）配方一　酱油 12.0 kg，猪肉皮 15.0 kg，胡萝卜 15.0 kg，白糖 8.0 kg，大蒜 2.0 kg，花椒 0.5 kg，葱 4.0 kg，料酒 2.0 kg，味精 0.5 kg，食盐 3.0 kg，桂皮 1.0 kg，鲜姜 2.0 kg，八角 1.0 kg。

（2）配方二　白萝卜块 20.0 kg，黄酱 10.0 kg，小红枣 1.0 kg，丁香 0.2 kg，桂皮 0.2 kg，砂仁 0.2 kg，食盐 3.0 kg，料酒 2.0 kg，八角粉 1.0 kg。

（3）配方三　黄酱 10.0 kg，八角 0.4 kg，甘草 0.05 kg，小茴香 0.05 kg，肉桂 0.2 kg，花椒 0.1 kg，食盐 3.5 kg，白芷 0.05 kg，山奈 0.05 kg，丁香 0.1 kg，陈皮 0.1 kg。

2. 操作要点

（1）原料选择与整理　选用经兽医卫生检验合格的新鲜羊肉作为原料，以羊肋肉为好，去掉羊肉上的脏污、杂质和忌食部分，用水冲洗干净，放入冷水中浸约 4 h，取出控水，切成 750 g 左右的方肉块，控净血水，放入锅内，加水淹没羊肉，再加入萝卜（或猪肉皮），旺火烧开，断血即可捞出，洗净血污。这样做，羊肉腥膻味都进入白萝卜和水中。

（2）煮制　将黄酱在锅内化开调匀，开锅后打酱，放好垫锅箅子，把焯过水的羊肉按老嫩，先放吃火大的，后放吃火小的，放到有辅料的锅里，锅中放水没过羊肉，用旺火烧开，撇净浮沫，煮 1～2 h。然后继续焖煮，在汤刚烧开时，投入八角粉、桂皮、丁香、砂仁、料酒、小红枣等辅料，加入老汤，将羊肉放入煮锅内，然后放上箅子压锅，待汤沸腾后，改用文火焖煮。

羊肉在焖煮过程中每隔 60 min 翻一次锅，羊肉翻锅 1～2 次，翻锅后仍将锅盖好。在煮制过程中，汤面始终保持微沸，即水温在 90～95℃之间，注意翻锅，防止糊底。

（3）出锅　羊肉煮 3～4 h，至羊肉酥烂，即可出锅。出锅时要用筷子试探酱肉的熟制程度，不熟的要回锅继续煮。捞出熟透的酱羊肉，及时送到晾肉间，晾凉，切块或切片，即为成品。

二、五香酱羊肉

1. 原料配方（以 100 kg 羊肉计）

（1）配方一 干黄酱 10 kg，丁香 0.2 kg，桂皮 0.2 kg，八角 0.8 kg，食盐 3 kg，砂仁 0.2 kg。

（2）配方二 花椒 0.2 kg，桂皮 0.3 kg，丁香 0.1 kg，砂仁 0.07 kg，白豆蔻 0.04 kg，白糖 0.2 kg，八角 0.2 kg，小茴香 0.1 kg，草果 0.1 kg，葱 1 kg，鲜姜 0.5 kg，食盐 5～6 kg。

注：食盐的量为第一次加盐量，以后根据情况适当增补；将各种香辛调味料放入宽松的纱布袋内，扎紧袋口，不宜装得太满，以免香料遇水胀破纱袋，影响酱汁质量；葱和鲜姜另装一个料袋，因这种料一般只一次性使用。

2. 操作要点

（1）原料选择与整理 选用卫生检验合格、肥度适中的羊肉，以蒙古绵羊肉较好，首先去掉羊杂骨、碎骨、软骨、淋巴、淤血、杂污及板油等，以肘子、五花等部位为佳，按部位切成 0.5～1 kg 的肉块，靠近后腿关节部位的含筋腱较多的部位，切块宜小；而肉质较嫩部位切块可稍大些，便于煮制均匀。把切好的肉块放入有流动自来水的容器内，浸泡 4 h 左右，以除去血腥味。捞出控净水分，分别存放，以备入锅酱制。

（2）酱制 酱肉制作的关键在于能否熟练地掌握好酱制过程的各个环节及其操作方法。主要掌握好酱前预制、酱中煮制、酱后出锅这三个环节。

① 焯水 焯水是酱前预制的常用方法。目的是排除血污和腥、膻、臊等异味。所谓焯水就是将准备好的原料肉投入沸水锅内加热，煮至半熟或刚熟的操作。按配方先用一定数量的水和干黄酱拌匀，然后过滤入锅，煮沸 1 h，把浮在汤面上的酱沫撇净，以除去膻味和腥气，然后盛入容器内备用。原料肉经过此处理后，再入酱锅酱制。其成品表面光洁，味道醇香，质量好，易保存。

操作时，把准备好的料袋、盐和水同时放入铁锅内，烧开、熬煮。水量要一次掺足，不要中途加生水，以免使原料因受热不均匀而影响产品质量。一般控制在刚好淹没原料肉为好，控制好火力大小，以保持液面微沸和原料肉的鲜香及滋润度。根据需要，视原料肉老嫩，适时、有区别地从汤面沸腾处捞出原料肉（要一次性地把原料肉同时放入锅内，不要边煮边捞又边下料，影响原料肉的鲜香味和色泽）。再把原料肉放入开水锅内煮 40 min 左右，不盖锅盖，随时撇出油和浮沫。然后捞出放入容器内，用凉水洗净原料肉上的血沫和油脂。同时把原料肉分成肥瘦、软硬两种，以待码锅。

② 清汤 待原料肉捞出后，再把锅内的汤过一次罗，去尽锅底和汤中的肉

渣，并把汤面浮油撇净。如果发现汤要沸腾，适当加入一些凉水，不使其沸腾，直到把杂质、浮沫撇净，汤呈微青的透明状即可。

③ 码锅 锅内不得有杂质、油污，并放入 1.5～2 kg 左右的净水，以防干锅。锅底垫上圆铁箅，再用 20 cm×6 cm 的竹板（羊下巴骨、扇骨也可以）整齐地垫在铁箅上，然后将筋腱较多的肉块码放在底层，肉质较嫩的肉块码放在上层。注意一定要码紧、码实，防止开锅时沸腾的汤把原料肉冲散，并把经热水冲洗干净的料袋放在锅中心附近，注意码锅时不要使肉渣掉入锅底。把清好的汤放入码好原料肉的锅内，并漫过肉面。不要中途加凉水，以免使原料肉受热不均匀。

④ 酱制 码锅后，盖上锅盖，用旺火煮制 2～3 h。然后打开锅盖，适量放糖色，达到枣红色，以弥补煮制中的不足。等到汤逐渐变浓时，改用中火焖煮 1 h，检查肉块是否熟软，尤其是腱膜。从锅内捞出的肉汤，是否黏稠，汤面是否保留在原料肉的三分之一，达到以上标准，即为半成品。

（3）出锅 达到半成品时应及时把中火改为小火，小火不能停，汤汁要起小泡，否则酱汁出油。酱制好的羊肉出锅时，要注意手法，做到轻钩轻托，保持肉块完整，将酱肉块整齐地码放在盘内，然后把锅内的竹板、铁箅取出，使用微火，不停地搅拌汤汁，始终要保持汤汁有小泡沫，直到黏稠状。如果颜色浅，在搅拌当中可继续放一些糖色。成品达到栗色时，赶快把酱汁从铁锅中倒出，放入洁净的容器中。继续用铁勺搅拌，使酱汁的温度降到 50～60℃，点刷在酱肉上。不要抹，要点刷酱制，晾凉即为酱肉成品。

如果熬酱汁把握不大，又没老汤，可用羊骨和酱肉同时酱制，并码放在原料肉的最下层，可解决酱汁质量或酱汁不足的缺陷。

三、酱羊下水

1. 原料配方（以 100 kg 羊下水计）

酱油 6 kg，丁香 0.2 kg，桂皮 0.3 kg，砂仁 0.2 kg，食盐 5 kg，八角 0.3 kg，花椒 0.3 kg。

2. 操作要点

（1）原料选择 选用经兽医卫生检验合格的羊下水作原料。羊心要求表面有光泽，按压时有汁液渗出，无异味；羊肝应呈赤褐或黄褐色，不发黏；羊肺应表面光滑，呈淡红色，指压柔软而有弹性，切面淡红色，可压出气泡；羊肚、肠应呈白色，无臭味，有拉力和坚实感；羊肾应肉质细密，富于弹性。

（2）原料整理 羊肚内壁生长一层黏膜，整理时要刮掉。方法是把羊肚放在 60℃ 以上的热水中浸烫，烫到能用手抹下肚毛时即可，取出铺在操作台上，用钝刀将肚毛刮掉，再用清水洗干净，最后把肚面的脂肪用刀割掉或用手撕下。也可用烧碱处理，然后放在洗百叶机里洗打，待毛打净后取出修割冲洗干净。羊百叶应先放入洗百叶机洗干净，也可用手翻洗。洗净后用手把百叶表层的油和污染了的表膜撕下，撕净后，用刀把四边修割干净。

整理羊肺时要把气管从中割开，用水洗干净，用刀修割掉和心脏连接处的污染物。

（3）原料分割　把经过整理的羊下水分割成各种规格的条块。羊肚又薄又小，不再分割。羊心、羊肺、羊肝要从中破一刀，可以整个下锅。羊肺膨大分成3～4瓣。羊下水多时，肚子、肺、心、肝可以分别单煮。

（4）煮制　先把老汤放在锅里兑上清水，用旺火烧开。放好算子，然后依次放入羊肺、心、肝、羊肚等，用旺火煮 30 min，把所有辅料一同下锅，放在开锅头上用旺火再煮 30 min，将锅压好，老汤要没过下水 6.5 cm 以上，然后改用文火焖煮。在焖煮过程中每隔 60 min 左右翻锅一次，共翻锅 2～3 次。翻锅时注意垫锅算子不要挪开，防止下水贴底煳锅。羊下水一般煮 3～4 h，吃火大的，煮的时间要适当长些。出锅前先用筷子或铁钩试探成熟的程度，一触即可透过时，说明熟烂，应及时捞出。先在锅里把下水上的辅料渣去干净，尤其是肚板、百叶容易粘辅料渣，要格外小心，在热锅里多涮几遍。捞出的下水控净汤后进行冷却，凉透即为成品。

四、酱羊头、酱羊蹄

1. 原料配方（以 100 kg 羊头、羊蹄计）

酱油 6 kg，丁香 0.2 kg，桂皮 0.3 kg，砂仁 0.2 kg，食盐 5 kg，八角 0.3 kg，花椒 0.3 kg。

2. 操作要点

（1）原料选择　选用经兽医卫生检验合格的带骨羊头、羊蹄，要求个体完整，表面光洁，无毛、无病变、无异味，表面干燥有薄膜，不黏、有弹性。

（2）原料修整　羊头、羊蹄应用烧碱褪毛法将毛去净，脱去羊蹄蹄壳。绵羊蹄的蹄甲两趾之间在皮层内有一小撮毛，要用刀修割掉。要将羊头的羊舌掏出，用刀将两腮和喉头挑豁，然后用清水将羊头口腔涮净。

（3）煮制　羊头、羊蹄在下锅之前要先检查是否符合质量要求，不符合标准的要重新进行整理。在煮锅内放入老汤，放足水，用旺火将老汤烧开，垫好算子，把羊头放入锅内（先放老的，后放嫩的），用旺火煮 30 min 后，将所有辅料一同下锅，再煮 30 min，改用文火煮。煮制过程中每隔 60 min 翻锅一次，共翻2～3 次。翻锅时用小铁钩钩住羊头，把较硬的、老的放在开锅头上，从上边逐个翻到下边。老嫩程度不同的羊头煮熟所需时间相差很大，不可能同时出锅，要随熟随出。有的老羊头要煮 4 h，与嫩羊头相差 1 h。熟透的羊头容易散碎，肉容易脱骨，所以必须轻拿轻放，保持羊头的完整。

五、酱羊腔骨

1. 原料配方（以 100 kg 羊腔骨计）

酱油 6 kg，花椒 0.15 kg，八角 0.2 kg，食盐 6 kg，桂皮 0.2 kg。

2. 操作要点

（1）原料选择与修整　截取羊腔骨后段尾巴桩前为腔骨，在剔肉时这部位的肉生剔不易剔干净，常留一些肉在骨头上作酱腔骨用，截取羊腔骨的前一段即羊脖子，这一段肉多，不易剔干净，所以有意留下作酱羊脖子用。用清水洗净，以备煮制。

（2）煮制　放老汤兑足清水，旺火烧开后，放入羊腔骨，再放入辅料，旺火煮 30 min 后改用文火焖煮 3 h。中间翻锅 1~2 次，若稍用力能将羊腔骨和羊脖子折断，表明已经煮熟，可以出锅。用手掰时脖子或腔骨不易折断，或断后肉有红色，骨有白色为不熟，要继续煮。但千万不能煮过火，过火会使肉脱骨，也叫落锅。

六、酱羊杂碎

1. 原料配方（以 100 kg 羊杂碎计）

食盐 6 kg，山奈 0.5 kg，八角 0.3 kg，草果 0.5 kg，花椒 0.5 kg，白芷 0.5 kg，丁香 0.3 kg。

2. 操作要点

（1）原料选择与整理　选用经卫生检验合格的羊杂碎。主要包括：羊肚、肺、肥肠、心肺管、食道、腕口（直肠）、罗圈皮（膈肌）、沙肝（脾脏）和头肉等，有时也把羊舌、羊尾、羊蹄、羊脑、羊心、肝、肾等放在一起酱制。把整理过的羊杂碎在酱制前再整理一次。修净污物杂质，把羊肚两面刮净，用水漂洗 2~3 次。把洗净的各脏器，根据体积大小分割成不同的条块。分割后的杂碎，再用清水浸泡 1~2 h。

（2）酱制　羊杂碎要分开酱制，专汤专用，专锅专用，不然会影响味道和质量。先把老汤烧开，撇净浮沫后投放原料。投料时要把羊肺放在底层，其他的放在上面，加上竹箅用重物压住，使老汤没过原料。

煮制时用旺火煮 30 min 后投放辅料，再煮 30 min 后放酱油，随后改为文火，盖严锅盖焖煮 2 h 后投放食盐。30 min 左右翻锅 1 次，即把底层的肺翻到上面。在酱制过程中，共翻锅 3~4 次，肺和沙肝容易粘锅，要避免粘连锅底。羊杂碎需要酱制 3～4 h。出锅时将不同的品种分开放置，不要掺杂乱放。控净汤汁后，即可销售。

第四节　兔肉酱制品加工

一、酱香兔

1. 原料配方（以 100 kg 兔肉计）

（1）腌制液配方　水 100 kg，八角 1 kg，生姜 2 kg，食盐 17 kg，葱 1 kg。

配制方法：先将葱、姜洗净，姜切片和葱、八角一起装入料包入锅放水煮至沸，然后倒入腌制缸或桶中，按配方规定量加盐，搅溶冷却至常温，待用。

（2）香料水配方　水 100 kg，八角 3 kg，生姜 5 kg，桂皮 3.5 kg，葱 4 kg。

配制方法：将以上配料入锅熬煮，待水煮沸后焖煮 1～2 h，然后用双层纱布过滤，待用。

（3）煮液一般配方　水 100 kg，味精 0.4 kg，白糖 2.5 kg，调味粉 0.15 kg，酱油 1.5 kg，香料水 3 kg，料酒 1 kg。

（4）初配新卤配方　水 80 kg，白糖 20 kg，香料水 20 kg，调味粉 2 kg，蚝油 8 kg，料酒 4 kg，酱油 8 kg，味精 2 kg。

（5）第二次调卤配方（加入余卤液）　香料水 5 kg，料酒 2 kg，白糖 7 kg，调味粉 1.5 kg，酱油 4 kg，味精 1.5 kg，蚝油 3 kg。

（6）稠卤配方　老卤 30 kg，蚝油 1.5 kg，酱油 3 kg，料酒 2 kg，白糖 13 kg，味精 0.8 kg，调味粉 0.7 kg。

2. 操作要点

（1）原料选择与整理　酱香兔制作时，选用新鲜或解冻后的兔后腿或精制兔肉作为原料。选择好原料后，将兔肉上的污血、残毛、残渣、油脂等修整干净，再用清水漂洗干净，沥干水备用。在沥干水的兔肉上用带针的木板（特制）均匀打孔，使料液在腌制或煮制时均匀渗透，并能缩短腌制时间。

（2）腌制　处理好的兔肉入缸进行浸渍腌制，上面加盖，让兔肉全部浸没在液面以下。常温（20℃左右）条件下腌制 4 h，0～4℃条件下腌制 5 h。腌制液的使用和注意事项：新配的腌制液当天可持续使用 2～3 次，每次使用前需调整腌制液的浓度，若过低，需加盐调整。正常情况下使用过的腌制液当天废弃，不再使用。

（3）煮制　按配方准确称取各种配料入锅搅溶煮沸，再将腌制好的兔肉下锅并提升两次，继续升温加热至小沸；而后转小火焖煮，焖煮温度及时间分别为

95℃、50 min。在加热过程中，要将肉料上下提升两次。第一次投料煮制时使用配方中"初配新卤配方"，第二次煮制时使用"第二次调卤配方"进行煮制。以后煮制时转入正常配方，即"煮液一般配方"。先将稠卤按配方称量煮沸调好，再将已煮好的兔肉分批定量入稠卤锅浸煮 3 min 左右。

（4）冷却包装　出锅放入清洁不锈钢盘送冷却间冷却 10～15 min 左右即可包装，按规定的包装要求进行称量。包装时要剔除尖骨，以防戳穿包装袋。

（5）杀菌　包装好的产品在 85℃条件下，杀菌 15 min。

（6）急冷、入库、成品　杀菌后，立即用流动的自来水或冰水冷却至常温，最后装箱入库。

二、家制酱兔肉

1. 原料配方（以 100 kg 兔肉计）

酱油 15 kg，桂皮 0.15 kg，丁香 0.15 kg，大蒜 0.25 kg，大葱 0.25 kg，甘草 0.15 kg，糖色 0.5 kg，八角 0.15 kg，白糖 0.5 kg，花椒 0.15 kg，香油 1.5 kg，生姜 0.25 kg，食盐 7.5 kg。

2. 操作要点

（1）原料选择与整理　首先将兔肉原料洗净，入冷水浸泡 4 h，捞出，然后放入开水中煮制 10 min 后，捞出，用清水洗净。

（2）制卤汤　在煮制锅内加入老汤（或清水），放入兔肉，用旺火烧开，加入食盐、酱油、白糖、肉料袋（大葱、生姜、大蒜、花椒、八角、桂皮、丁香、甘草）。

（3）糖色制作　用一口小铁锅，置火上加热。放少许油，使其在铁锅内分布均匀。再加入白砂糖，用铁勺不断推炒，将糖炒化，炒至泛大泡后又渐渐变为小泡。此时，糖和油逐渐分离，糖汁开始变色，由白变黄，由黄变褐，待糖色变成浅褐色的时候，马上倒入适量的热水熬制一下，即为"糖色"。

（4）煮制　用慢火进行煨煮，煨煮 3 h 左右后加入糖色。再煮片刻，即可捞出兔肉，沥净酱汤，装盘，待肉稍晾，趁热在肉面上抹上香油即为成品。

第五节　鸡肉酱制品加工

一、家常酱鸡

1. 原料配方

嫩鸡 10 kg，酱油 0.2 kg，食盐 0.2 kg，大葱 0.05 kg，生姜 0.025 kg，大

蒜 0.025 kg，料酒 0.125 kg，白糖 0.25 kg。

2. 操作要点

（1）原料选择与整理　将鸡冲洗干净，吸干水分，然后在鸡身上均匀涂抹盐。

（2）卤煮　炒糖色，放入鸡翻炒上色，向锅内放入清水，放入辅料大火煮开后转小火继续煮 10 min，再翻面煮 10 min。

（3）成品　焖 20 min 后装盘，再浇上汤汁即成成品。

二、常熟酱鸡

1. 原料配方（以 100 kg 鸡肉计）

食盐 10 kg，酱油 7.5 kg，绍酒 1～3.5 kg，白糖 5 kg，葱 5 kg，姜 0.5 kg，八角 0.25 kg，桂皮 0.25 kg，陈皮 0.25 kg，丁香 0.05 kg，红曲米 2 kg，菱粉 3 kg，砂仁 0.025～0.03 kg。

2. 操作要点

（1）原料选择与整理　选择健康的鲜活肥鸡为主要原料，以当年鸡为佳。将鸡宰杀，放净血，入热水内浸烫，煺净毛，再开膛，取出内脏，用清水冲洗干净。

（2）腌制　然后取一部分食盐，涂抹洗净的鸡身，入缸腌制 12～24 h（腌制时间依季节变化，冬长夏短）。

（3）卤煮　腌制结束后，将腌好的鸡取出，入沸水锅内煮 5 min 起锅，将香辛料装入纱布袋，放入煮鸡老汤内，再继续煮鸡，先用大火烧 15 min，再改文火焖 30 min 左右即可出锅。

三、哈尔滨酱鸡

1. 原料配方（以 100 kg 鸡肉计）

花椒 0.10～0.15 kg，味精 0.05 kg，大葱 1 kg，食盐 5 kg，酱油 3 kg，鲜姜 0.5 kg，八角 0.25 kg，白糖 1.5 kg，桂皮 0.20～0.3 kg，大蒜 0.5 kg。

2. 操作要点

（1）原料选择与整理　最好选择重约 1 kg 左右的当年小母鸡或小公鸡作为原料。屠宰方法按常规方法进行，从颈部开刀放血，放尽血，除尽毛，去除内脏，把屠宰好的鸡用清水洗净。然后把鸡放入冷水内浸泡 12 h 左右，以去除剩余的血水。

（2）浸泡　按照配料标准，把所有调味料，一并放入锅内，适当加清水煮开。

（3）制汤、紧缩　将泡尽血水的白条鸡鸡爪弯曲塞进鸡腹腔内，鸡头夹在鸡翅内，然后逐只放入滚开的汤（煮鸡循环留下来的汤为老汤）内，紧缩 10 min 左右捞出，控尽鸡体内的水分。

（4）煮制　紧缩结束后，先把老汤内浮沫等杂物捞尽，再拔尽鸡身上的细绒毛，重新放入 90℃ 左右的老汤内进行煮制 3 h 左右，即为成品（各种调料皆加到老汤中）。

第六节　鸭肉酱制品加工

一、酱鸭

1. 原料配方

肥鸭 10 只，酱油 400 g，食盐 400 g，冰糖 500 g，料酒 100 g，桂皮 30 g，八角 30 g，大葱 30 g，丁香 3 g，砂仁 3 g，陈皮 6 g。

2. 操作要点

（1）原料与处理　选择生长 1～2 年，每只重 1.5 kg 以上，肌肉丰满的健康鸭子作为原料。按平常宰杀的方法进行宰杀放血，用热水浸烫，煺去大小毛，在腹部切 4 cm 的小口，摘除内脏，切掉翅膀尖和爪（留作他用），然后用清水浸泡、洗净，沥干水分。

（2）腌制　用盐擦全身的鸭皮，擦到盐溶化为止，放到缸或盆中腌 10 h 左右，使鸭的皮肤紧皱，肌肉硬缩。这时的鸭子称为鸭坯。

（3）酱制　将腌好的鸭坯放进锅内，然后加入清水浸没，煮开 10 min 后捞出，用冷水洗净，使鸭子白净，并且减轻咸味，沥干鸭子身上的水分。再将鸭坯放进锅中，重新加水淹没，放入配料，用旺火将水煮开以后，改用小火加盖焖煮到鸭腿酥软为止。然后将鸭坯捞出。按每只鸭坯计算，取原卤（加盖焖煮时的汤汁）500 g 和冰糖块 50 g，在火上熬至微开，到汤汁发稠时即成卤汁。用卤汁涂鸭体后将鸭挂起，以卤汁不流者为佳。然后将酱鸭晾凉，切片装盘，浇上余下的卤汁，即可食用。

二、酱鸭卷

1. 原料配方

白条鸭 10 kg，酱油 500 g，白砂糖 300 g，精盐 150 g，味精 100 g，鲜姜汁 100 g，白酒 100 g，D-异抗坏血酸钠 10 g，乙基麦芽酚 10 g，红曲红 20 g，亚硝酸钠 1.5 g。

2. 操作要点

（1）原料预处理　选用检验合格的白条鸭为原料，用流动自来水解冻或在常温下自然解冻。用自来水清洗，去除腹腔内的残留气管、食管、肺、明显脂肪、肾脏等杂质。用不锈钢刀将鸭从刀口处把颈骨折断，在颈与翅膀相连处划一刀，划破鸭皮，抽出颈骨，用手翻开鸭皮，边翻边用刀割开，使骨肉分离，一直割到大腿末端，取出全部骨头，切去鸭尾脂腺，再将鸭皮翻回，恢复原状。

（2）配料腌制　按配方规定的要求，将各种辅料搅拌均匀。原料放进不锈钢腌制容器内，投入辅料后搅拌均匀，每隔 6 h 搅拌一次，腌制 24 h 后腌制结束。

（3）整形　先把鸭体平摊在不锈钢网筛上烘干 4 h 左右，在工作台上把鸭皮朝外，肉朝里，平摊后卷成筒状，用专用麻绳从前面扎到后面固定，然后排列在竹竿上，进入 55℃左右烘房继续烘 12 h 左右，在常温下自然冷却，即为成品。

三、酱鸭脯

1. 配方

鸭胸脯肉 10 kg，酱油 600 g，白砂糖 500 g，精盐 150 g，味精 100 g，白酒 100 g，五香粉 10 g，D-异抗坏血酸钠 10 g，红曲红 2 g，亚硝酸钠 1.5 g。

2. 操作要点

（1）原料选择　选用优质鸭胸脯肉为原料，用流动自来水解冻或在常温下自然解冻。沥干去除明显的小毛等杂质，用自来水清洗干净，沥干水分。

（2）配料腌制　按配方称量，将各种不同的调味料及食品添加剂，辅料全部搅拌均匀，原料放进不锈钢腌制桶中，投入辅料，反复搅拌，停 10 min 后再搅拌 2 次，使辅料全部溶解为止，每隔 4 h 重新搅拌一次，让料液全部吸收，腌制 12 h 即可出料。

（3）整形　把鸭脯平摊在不锈钢网筛上，每只分散排列，不能靠在一起，每只用手整成长条形状。

（4）烘干　放在不锈钢车子上，在日光下晾晒 2～3 天，或进入烘房用 60℃左右温度烘干 10 h，常温自然冷却即为成品。烘到表面干爽、表皮有皱纹，有鸭脯固有的香味。

四、酱仔鸭

1. 原料配方（以 1.5 kg 新鲜肥仔鸭计）

酱油 250 g，麻油 125 g，白糖 300 g，八角、桂皮、丁香、甘草共 50 g，生姜 50 g，葱 100 g。

2. 操作要点

（1）原料整理　把活鸭宰杀放血后，放进 64℃ 左右的热水里均匀烫毛，浸烫 0.5 min 左右，至能轻轻拔下毛来，随即捞出，投入凉水里趁温迅速拔毛，去毛务净（不留小毛），然后洗净，在清水中浸泡 0.5 h。将光仔鸭切除翅、爪和舌，在右翅下开一小口，取出内脏，洗净，并用清水浸泡后，沥干血水，放入盐水卤中浸泡约 1 h，取出挂起沥干卤汁。汤锅放入清水烧沸后，左手提着挂鸭的铁钩，右手握勺用开水流在鸭身上，使鸭皮收紧，挂起沥干。将生姜去皮洗净，葱摘去根须和黄叶洗净。

（2）浇糖色　炒锅点火，放入麻油 0.1 kg、白糖 0.2 kg，用勺不停炒动，待锅中起青烟时，倒入热水一碗拌匀。再用左手提着挂鸭的铁钩，右手握勺舀锅中的糖色，均匀浇在鸭身上，待吹干后再浇一次，挂起吹干。

（3）酱制　在汤锅中放入清水、酱油、白糖 0.1 kg，并将生姜、葱、丁香、桂皮、甘草用布袋装好，放入汤锅中，加热至沸，撇去浮沫，转用文火，将鸭体放入锅中，用盖盘将鸭身压入卤中，使鸭肚内进入热卤，加盖盖严，再烧约 20 min。改用旺火烧至锅边起小泡（不可烧至沸点），揭去盖盘，取出酱鸭，沥干卤汁。放入盘中，待冷却后抹上麻油即可。

五、苏州酱鸭

1. 原料配方（以 100 kg 鸭肉计）

酱油 5 kg，食盐 7.5 kg，白糖 5 kg，绍酒 5 kg，葱 3 kg，桂皮 0.3 kg，八角 0.3 kg，丁香 0.03 kg，砂仁 0.02 kg，红曲米 0.75 kg，生姜 0.3 kg，硝酸钠 0.05 kg。注：将 0.05 kg 硝酸钠溶化制卤水 2 kg。

2. 操作要点

（1）原料选择　采用娄门鸭或太湖鸭，重 1.5 kg 以上的一级品为宜。

（2）宰杀　把活鸭宰杀放血后，放进 64℃ 左右的热水里均匀烫毛，浸烫 0.5 h 左右，至能轻轻拔下毛来，随即捞出，投入凉水里趁温迅速拔毛，去毛务净（不留小毛），然后洗净，在清水中浸泡 0.5 h。将白条鸭放在案板上，切除翅、爪和舌，用刀在右翅底下剖开一小口，取出内脏和嗉囊，揩净内腔血迹（注：鸭肺必须拿净），用清水洗刷，重点洗肛门、体腔、嗉囊等处，并用清水浸泡后，沥干血水。

（3）腌制　将光鸭放入圆桶中，洒些盐水或盐硝水（用硝按国家标准），鸭体擦上少许盐，体腔内撒少许盐，随后即抖出。根据不同季节掌握腌制时间，夏季 1~2 h，冬季 2~3 天。

（4）烧煮　在烧煮前，先将老汤烧开，同时将配方中香辛料加入锅内，每只鸭体腔内放 4~5 颗丁香，少许砂仁，再放入 20 g 重一个葱结、生姜 2 片、1~2 汤勺绍酒，随即将全部鸭放入滚汤中先用大火烧开，加绍酒 3.5 kg，然后用小火烧 40~60 min，见鸭两翅开小花，即行起锅，将鸭冷却 20 min 后，淋上特制的卤汁，即为成品。或者用 50 kg 老汁（卤），先以小火开，然后改用中火，加入红曲米 3 kg（红曲要磨成粉末，越细越好）、白糖 40 kg、绍酒 1.5 kg、生姜 0.4 kg，经常用铁铲在锅内不断翻动，防止起锅巴。煎熬时间随老汁汤浓淡而异，待汁熬至发稠时即成，卤的质量以涂满鸭身，挂起时不滴为佳。

六、杭州酱鸭

1. 原料配方（以 100 只光鸭计）

（1）配方一　白糖 20 kg，生姜 0.4 kg，绍酒 4 kg，酱油 28 kg，葱段 1.2 kg，桂皮 0.24 kg。

（2）配方二　食盐 2 kg，白酱油 60 kg，白酒 0.6 kg，硝酸钾 0.01 kg，白糖 0.4 kg，葱段 0.2 kg，姜块 0.2 kg。

2. 操作要点

（1）原料整理　鸭空腹宰杀，用 63~68℃ 的热水浸烫煺毛，去除内脏、气管、食管，洗净后斩去鸭掌，挂在通风处晾干。

（2）腌制　将食盐和硝酸钾拌匀，在鸭身外均匀地擦一遍，再在鸭嘴、宰杀开口处各塞入调料，将鸭头扭向胸前夹入右翅下，平整地放入缸内，上面用竹架架住，大石块压实，0℃ 腌渍 36 h 后，翻动鸭身，再腌 36 h 即可出缸，倒尽体腔内的卤水。

（3）酱制　将鸭放入缸内，加入酱油以浸入为度，再放上竹架，用大石块压实，0℃ 左右浸 48 h，翻动鸭身，再过 48 h 出缸。然后在鸭鼻孔内穿细麻绳一根，两头打结，再用 50 cm 长的竹子一根，弯成弧形，从腹部刀口处放入体腔内，使鸭腔向两侧撑开。然后将腌过鸭的酱油加 50% 的水放入锅中煮沸，去掉浮沫，放入整理好的鸭，将卤水不断浇淋鸭身，至鸭成酱红色时捞出沥干，日晒 2~3 天即成。

（4）熟制　食用前先将鸭身放入大盘内（不要加水），淋上绍酒，撒上白糖、葱、姜，上笼用旺火蒸至鸭翅上有细裂缝时即成，倒出腹内的卤水，冷却后切块装盘。

七、酱鸭肴肉

1. 原料配方

（1）腌制料　鸭胸脯肉 10 kg，花椒盐 500 g，D-异抗坏血酸钠 15 g，亚硝酸钠 1.5 g。

（2）煮制料　食盐 200 g，酱油 200 g，白砂糖 100 g，味精 50 g，生姜 50 g，香葱 50 g，白酒 50 g，双乙酸钠 30 g，乙基麦芽酚 10 g，乳酸链球菌素 5 g，山梨酸钾 0.75 g。

（3）灌装料卤液　煮制老卤 2 kg，食用明胶 500 g。

2. 操作要点

（1）原辅料预处理　选用优质鲜冻鸭脯肉为原料，在 −18℃ 贮存条件下贮存。辅料在干燥、避光、常温条件下贮存。用流动自来水进行解冻，夏季解冻时间为 1～2 h，春、秋季解冻时间为 3.5 h，冬季解冻时间为 7 h。解冻后放在不锈钢工作台上，进行整理去除杂质。

（2）配料腌制　将花椒盐、D-异抗坏血酸钠、亚硝酸钠混合均匀，撒在鸭脯上，反复上下翻动数次，辅料全部溶解，放入腌制容器中浸渍 12 h 左右。

（3）煮制　在锅内加入 12 kg 清水，烧沸后放入原辅料，用文火煮制 2 h，待鸭脯肉熟化时取出。

（4）压模、切块称重　按不同的规格要求进行称重，装模容器中放入 2/3 的熟鸭脯肉，再投入 1/3 的灌装卤，用模具盖压紧，进入 0～4℃ 的冷藏库中 12 h 定型，然后再脱模。按不同包装的要求进行切块、称重。

（5）真空包装　抽真空前先预热机器，调整好封口温度、真空度和封口时间，袋口用专用消毒的毛巾擦干，防止袋口有油渍影响封口，结束后逐袋检查封口是否完好，轻拿轻放摆放在杀菌专用周转筐中。成品入库按规格要求定量装箱，外箱注明品名、生产日期，入库。

八、酱香鸭腿

1. 原料配方

鲜（冻）鸭腿 10 kg，八角 10 g，椒 8 g，草果 6 g，肉豆蔻 6 g，白芷 5 g，香叶 5 g，砂仁 5 g，良姜 5 g，酱油 500 g，白砂糖 500 g，精盐 150 g，味精 50 g，白酒 50 g，D-异抗坏血酸钠 10 g，红曲红 1.5 g，亚硝酸钠 1.5 g。

2. 操作要点

（1）原料预处理　选用检验合格的优质胴体肉鸭分割鸭腿为原料。在常温下自然解冻或用流动自来水解冻，夏季解冻 2 h，春秋季解冻 5 h，冬季 9 h。去除表面的小毛等杂质，用刀从大腿上部肌肉丰满处切一下，使腌制浸透均匀。清洗鸭腿表面污物和浸泡血水，逐只检查后沥干水分备用。

（2）配料腌制　按配方规定要求，将香辛料放进 500 g 清水中浸泡 10 min，然后用文火加热到 95℃，焖煮 30 min 后自然冷却。将沥干后的鸭腿放入 0～4℃

腌制间预冷 1 h 左右，使鸭腿的温度达 8℃ 以下。在腌制容器中放进香辛料水和调味料及食品添加剂搅拌均匀后，放入鸭腿，反复搅拌，使辅料全部溶解，每隔 6 h 上下翻动一次，腌制 24 h 后出料。

（3）整形挂架　将鸭腿用不锈钢钩钩住大腿肌骨中间，肌肉丰满处用弹簧支撑整形呈平板状。排列整齐挂在竹竿上，放在不锈钢小车上。

（4）晾干　在日光下晾晒 3～4 天，或进入烘房中用 60℃ 左右的温度进行 12 h 烘干，在常温下自然冷却，即为成品。

九、双色酱鸭脯

1. 原料配方（以 10 kg 带皮鸭脯计）

（1）腌制料　酱油 1.2 kg，白砂糖 500 g，味精 100 g，白酒 50 g，D-异抗坏血酸钠 10 g，乙基麦芽酚 10 g，红曲红 2 g，亚硝酸钠 1.5 g，山梨酸钾 0.75 g。

（2）蒸制料　生姜 50 g，香葱 50 g，芝麻油 25 g。

2. 操作要点

（1）验收预处理　选用优质鲜冻带皮鸭脯肉为原料，在 −18℃ 贮存条件下贮存。辅料在干燥、避光、常温条件下贮存。原料解冻用流动自来水进行解冻，夏季解冻时间为 1.5 h，春、秋季解冻时间为 3.5 h，冬季解冻时间为 7 h。解冻后放在不锈钢工作台上进行整理，去除杂质等。

（2）配料　将腌制料搅拌均匀，带皮鸭脯放进腌制缸中，撒上辅料反复搅匀，腌制 15 h 左右，中途翻动 2 次。

（3）烘干　用专用不锈钢筛网平摊鸭脯，进入 55～60℃ 的烘房内试制 15 h 左右，中途翻动 2 次。

（4）蒸制　把烘干的鸭脯放进不锈钢车上，撒上蒸制料，进行 10 min 左右蒸制，取出冷却。

（5）杀菌、入库　按压力容器操作要求和工艺规范进行，升温时必须保证有 3 min 以上的排气时间，排净冷空气。采用高温杀菌式：10 min—20 min—10 min（升温—恒温—降温）/121℃，反压冷却。卤煮的产品摊放在不锈钢工作台上冷却。成品入库按规格要求定量装箱，外箱注明品名、生产日期，入库。

十、安徽六安酱鸭

1. 原料配方（以 100 只肥鸭计）

酱油 3 kg，食盐 7 kg，丁香 0.05 kg，陈皮 0.3 kg，白糖 7.5 kg，鲜姜 0.5 kg，桂皮 0.1 kg，砂仁 0.03 kg，花椒 0.1 kg，红曲粉 0.75 kg，绍酒 0.75 kg。

2. 操作要点

（1）选料 以 1~2 年、体重 1.5~2 kg 的麻鸭为原料。经宰杀洗净，除去内脏，沥干水分，即为鸭坯。

（2）制卤 用 12.5 kg 的水，小火烧开，加入酱油 3 kg，红曲粉 0.75 kg、白糖 7.5 kg、绍酒 0.25 kg、鲜姜 0.2 kg，混合于锅中，熬制成卤汁备用。

（3）腌制 将鸭坯放在盐水中浸泡，片刻后取出抖去盐水，然后堆叠腌制。夏季腌制 1~2 h，冬季 2~3 天。

（4）卤制 煮鸭前将老汤烧开，加入配料（桂皮 0.1 kg、陈皮 0.3 kg、花椒 0.1 kg）。在每只鸭的体腔内放丁香 4~5 粒、砂仁、鲜姜、绍酒少许，然后放入滚汤中。先用大火烧开，加入绍酒，再改用文火煮 40~60 min 即可起锅。将鸭捞出放在容器中，晾 15~20 min，把制好的卤汁浇在鸭体上。

第七节 鹅肉酱制品加工

一、红卤酱鹅

1. 原料配方（以 100 kg 鹅计）

（1）煮制配方 酱油 2.5 kg，陈皮 0.05 kg，食盐 3.75 kg，丁香 0.015 kg，白糖 2.5 kg，砂仁 0.01 kg，葱 1.5 kg，姜 0.1 kg，黄酒 2.5 kg，红曲米 0.37 kg，桂皮 0.15 kg，硝酸钠 0.03 kg，八角 0.15 kg。

注：0.03 kg 硝酸钠用水化成 1 kg。

（2）卤汁配方 老汁（酱猪头肉卤）25 kg，红曲米 1.5 kg，白糖 20 kg，黄酒 0.75 kg，姜 200 g。

2. 操作要点

（1）原料选择与整理 选用 2 kg 以上的太湖鹅为最好，宰杀后放血，去毛，腹上开膛，取尽全部内脏，洗净血污等杂物，晾干水分。

（2）腌制 用食盐把鹅身全部擦遍，腹腔内上盐少许，然后放入木桶中腌制，夏季 1~2 天，冬季 2~3 天。

（3）煮制 下锅前，先将老汤烧沸，将辅料放入锅内，随即将鹅放入沸汤中，用旺火烧煮。汤沸后，用微火煮 40~60 min，当鹅的两翅"开小花"时即可起锅。

（4）卤汁制作 用 25 kg 老汁（酱猪头肉卤）以微火加热熔化，再加火烧沸，放入红曲米 1.5 kg，白糖 2 kg，黄酒 0.75 kg，姜 200 g，用铁铲在锅内不断搅动，防止卤汁粘在锅底，熬汁的时间随老汁的浓度而定，一般烧到卤汁发稠时即可。以上配制的卤汁可连续使用。

（5）酱制　将起锅后的鹅冷却 20 min 后，在整只鹅体上均匀涂抹特制的红色卤汁，即为成品。

二、五味鹅

1. 原料配方（以 1.5 kg 鹅肉计）

白砂糖 5 g，老抽 10 g，白酒 25 g，盐 5 g，腐乳（红）30 g，植物油 25 g，八角 15 g。

2. 操作要点

（1）原料选择与整理　鹅去毛、内脏，整理干净。

（2）腌制　把白糖、老抽、白酒、腐乳、八角、植物油、盐，再加适量水搅匀，把整只鹅放入调料内腌半小时。

（3）酱制　锅内放油盐炒出味，加两碗水，再把鹅放入锅里，大火烧开水，改小火把鹅焖熟即为成品。

三、酱汁卤鹅

1. 原料配方

鹅 1 只（1500～2000 g），酱油 50 g，甜面酱 100 g，白糖 50 g，八角 10 g，桂皮 10 g，葱 20 g，姜 15 g，黄酒 15 g，原味老卤 2000 g，盐 5 g，红曲米汁适量，油少许。

2. 操作要点

（1）原料预处理　将鹅宰杀，去尽内脏，清洗干净。用少许盐和葱、姜、黄酒，均匀地在鹅身内外涂抹，腌制 12 h。

（2）焯水　将锅放置于火上，放清水烧开，投入腌过的鹅焯水，烧开后撇去浮沫，捞出洗净。

（3）卤制　在净锅内加老卤、香料、部分甜面酱、酱油、白糖、红曲米汁、盐和适量清水，烧沸后将鹅放入卤制。至鹅腿酥软、表皮上色，捞出。另外一个锅放置于火上，加少许油、葱花、剩余甜面酱入锅煸炒，加入部分原卤、盐和浓卤汁，倒入碗内。食用时，将成品改刀，浇上碗内卤汁即可。

四、哈尔滨酱鹅

1. 原料配方（以 100 kg 鹅肉计）

食盐 5 kg，酱油 3 kg，大葱 1 kg，八角 0.25 kg，花椒 0.15 kg，白糖 1.5 kg，味精 0.05 kg，桂皮 0.3 kg，鲜姜 0.5 kg，大蒜 0.5 kg。

2. 操作要点

最好选择 1 kg 左右的鹅为原料。宰前，要停止喂食，只供饮水。屠宰方法按常规方法进行，放尽血，除尽毛，去内脏，用清水将鹅体洗净。然后把洗净的鹅，放入冷水内浸泡 12 h 左右，以去除剩余的血污。按照配料标准，把所有调味料，一并放入锅内，适当加清水煮开。将泡尽血水的鹅，逐只放入烧开的清水中煮制，紧缩 10 min 后捞出，控尽鹅体内的水分。先把汤内浮沫等杂物捞尽，拔尽鹅身上的细绒毛，重新放入 90℃左右的汤内，煮制 4 h 左右，即为成品。

第四章
卤制食品加工

●
○

卤肉制品加工过程以浸泡为主，将原料肉放入调制好的卤汁或保存的陈卤中，先用大火煮制，待卤汁煮沸后改用小火慢慢卤制，直至酥烂而成的肉制品，熟制后的产品随卤保存。

第一节　猪肉卤制品加工

一、卤猪肉

1. 原料配方

猪肉 5 kg，精盐 300 g，酱油 150 g，白糖 80 g，桂皮 40 g，八角 40 g，白糖 15 g，生姜 20 g。

2. 操作要点

（1）原料的选择和整理　选用符合卫生检验要求的鲜猪肉，将猪肉清洗干净，切成 750 g 的方块。

（2）腌制　用盐将肉块充分拌均匀后腌制 8～24 h，出缸后洗净盐汁，沥干水分。

（3）卤汁的配制　桂皮、生姜、八角用纱布包好，与其他配料一起放入锅内，加水 5 kg，煮沸 1 h 即成卤汁。卤汁可反复使用，卤汁越陈，制品的色、香、味越佳。

（4）卤制　将坯肉放入烧开的卤汁中进行卤制。开锅后再焖煮 75 min，捞出晾凉即为成品。

二、东坡肉

1. 原料配方（按 100 kg 猪五花肉计）

酱油 10 kg，绍酒 16.7 kg，白糖 6.7 kg，葱结 3.4 kg，姜块（拍碎）

3.4 kg。

2. 操作要点

（1）整理原料 以金华"两头乌"猪肉为佳。将猪五花肉刮洗干净，切成正方形的肉块，放在沸水锅内煮 3～5 min，煮出血水。

（2）焖煮 取大砂锅一只，用竹箅子垫底，先铺上葱，放入姜块（去皮拍松），再将猪肉皮面朝下整齐地排在上面，加入白糖、酱油、绍酒，最后加入葱结，盖上锅盖，用纸围封砂锅边缝，置旺火上，烧开后加盖密封，用微火焖酥 2 h 后，将砂锅端离火口，撇去油。

（3）蒸制 将肉皮面朝上装入特制的小陶罐中，加盖置于蒸笼内，用旺火蒸 30 min 至肉酥透即成。

三、家制卤肉

1. 原料配方

猪肉 10 kg，黄酒 1 kg，精盐 400 g，葱段 100 g，鲜姜 100 g，八角 60 g，山奈 50 g，花椒 20 g，桂皮 20 g，陈皮 20 g，小茴香 30 g。

2. 操作要点

（1）原料的选择和整理 选择符合卫生检验要求的新鲜猪肉，切成 300 g 重的肉块，用清水浸泡 2 h，清洗干净，除去血水，沥干水分。

（2）煮制 将八角、山奈、花椒、桂皮、陈皮、小茴香、葱段、鲜姜片装入纱布袋中，放入卤锅，再加入清水、肉块，旺火煮沸. 加入精盐、黄酒，再用文火煮制 3 h，肉熟烂即为成品。

四、五香烧肉

1. 原料配方（以 100 kg 猪肉计）

桂皮 0.3 kg，酱油 10 kg，山奈 0.1 kg，花椒 0.6 kg，小茴香 0.1 kg，良姜 0.2 kg，白芷 0.2 kg，八角 0.3 kg，草果 0.2 kg。

2. 操作要点

选用猪瘦肉或五花肉，修整干净后，切成 15 cm 的长方块，约重 250 g，中间划一刀，外面用糖稀涂抹，然后用油炸成红色，再放入汤锅内与辅料同煮 20 min，捞出凉透即为成品。

五、北京卤肉

1. 原料配方

猪五花肉 10 kg，酱油 900 g，精盐 300 g，白糖 200 g，黄酒 200 g，橘子皮

100 g，五香粉 50 g，大葱 60 g，鲜姜 30 g，大蒜 30 g，香油 20 g，砂仁 7 g，味精 2 g。

2. 操作要点

（1）原料的选择和整理　选用符合卫生检验要求的新鲜猪五花三层带皮肉，将肉清洗干净，再切成 13 cm 见方的肉块。

（2）白烧　将肉块放入沸水锅中，撇去油沫，煮 2 h，捞出。

（3）红烧　将煮好的肉块放入烧沸的卤锅中，再加酱油、黄酒、精盐、白糖、大葱、鲜姜、大蒜、五香粉、砂仁、味精、橘子皮等，大火烧沸，立即改为微火焖煮，焖煮 1.5 h 即好。出锅后，皮朝上放在盘中，抹上香油，即为成品。

六、北京南府苏造肉

"苏造肉"是清代宫廷中的传统菜品。传说创始人姓苏，故名。起初原在东华门摆摊售卖，后被召入升平署作厨，故又名南府苏造肉。

1. 原料配方（以 100 kg 猪腿肉计）

猪内脏 100 kg，醋 4 kg，老卤 300 kg，食盐 2 kg，明矾 0.2 kg，苏造肉专用汤 200 kg。

2. 操作要点

（1）原料处理　将猪肉洗净，切成 13 cm 方块；将猪内脏分别用明矾、食盐、醋揉擦并处理洁净。

（2）煮制　将猪肉和猪内脏放入锅内，加足清水，先用大火烧开，再转小火煮到六七成熟（肺、肚要多煮些时间），捞出，倒出汤。

（3）卤制　换入老卤，放入猪肉和内脏，上扣篦垫，篦垫上压重物，继续煮到全部上色，捞出腿肉，切成大片（内脏不切）。在另一锅内放上篦垫，篦垫上铺一层猪骨头，倒上苏造肉专用汤（要没过物料大半），用大火烧开后，即转小火，同时放入猪肉片和内脏继续煨，煨好后，不要离锅，随吃随取，切片盛盘即成。

（4）老卤制法　以用水 10 kg 为标准，加酱油 0.5 kg、食盐 150 g、葱姜蒜各 15 g、花椒 10 g、八角 10 g，烧沸滚，撇清浮沫，凉后倒入瓷罐贮存，不可摇动。每用一次后，可适当加些清水、酱油、盐煮沸后再用，即称老卤。

（5）苏造肉专用汤制法　按冬季使用计，以用水 5 kg 为标准，先将火烧开，加酱油 250 g、盐 100 g 再烧开。取丁香 10 g、肉桂 30 g（春、夏、秋为 20 g）、甘草 30 g（春、夏、秋为 35 g）、砂仁 5 g、桂皮 4 g（春、夏、秋为 40 g）、肉豆蔻 5 g、白豆蔻 20 g、陈皮 30 g（春、夏、秋为 10 g）、肉桂 5 g，用布袋包好扎紧，放入开水内煮出味即成。每使用一次后，要适当加入一些新汤和香辛料。

七、北京卤瘦肉

1. 原料配方（以 100 kg 猪瘦肉计）

食盐 2.5 kg，陈皮 0.8 kg，酱油 3 kg，八角 0.5 kg，白糖 2.4 kg，桂皮 0.5 kg，甘草 0.8 kg，丁香 0.1 kg，花椒 0.5 kg，草果 0.5 kg。

2. 操作要点

选用合格的无筋猪瘦肉，修整干净，将瘦肉切成约 250 g 的块状。先用开水煮 20 min，取出洗干净。将辅料放料袋内煮沸 1 h 制成卤汤。然后将预煮过的肉放入卤汤内煮 40 min，捞出晾凉后外面擦香油即为成品。

八、北京卤猪耳

1. 原料配方（以 100 kg 猪耳计）

食盐 2.25 kg，酱油 2.5 kg，白糖 1 kg，白酒 1 kg，花椒 0.15 kg，八角 0.25 kg，丁香 0.075 kg，陈皮 0.05 kg，桂皮 0.015 kg，小茴香 0.075 kg，红曲粉适量，葱姜适量。

2. 操作要点

（1）原料的选择与处理　将猪耳去毛去血污，先放在水温 75～80℃ 的热水中烫毛，把毛刮去。刮不掉的用镊子拔一两次，剩下的绒毛用酒精喷灯喷火燎毛，再用刀修净，沥去水分。

（2）卤制　先将小茴香、桂皮、丁香、甘草、陈皮、花椒、八角等盛入布袋（可连续用 3～4 次）内，并与酱油、葱、姜、白糖、白酒、食盐等一起放入锅内，再放入下水，加清水淹没原料。如用老卤代替清水，食盐只需加 1.25 kg。将不同品种分批下到卤汤锅中，用旺火煮烧至沸后改用小火使其保持微沸状态。煮至猪耳朵全部熟透，能插入筷子。下水出锅后涂上麻油，使之色泽光亮。

九、北京卤猪头方

1. 原料配方（以 100 kg 猪头计）

（1）腌制盐水配方　水 100 kg，花椒 0.3 kg，食盐 15 kg，硝酸钠 0.1 kg。

（2）卤汁配方　食盐 1 kg，八角 0.2 kg，花椒 0.2 kg，生姜 0.5 kg，味精 0.2 kg，白酒 0.5 kg。

2. 操作要点

（1）原料处理　拔净猪头余毛并挖净耳孔，割去淋巴，清洗后再用喷灯烧尽细毛、绒毛。然后将猪头对劈为两半，取出猪脑，挖去鼻内污物，用清水洗净。

（2）腌制　先将花椒装入料袋放入水内煮开后加入全部食盐，待食盐全部溶化并再次煮开后倒入腌制池（缸）中，待冷却至室温时加入硝酸钠，搅匀，即为腌制液。将处理好的猪头放入池中，并在上面加箅子压住，使猪头不露出水面。这样腌制 3～4 天即可。

（3）卤制　将腌好的猪头放入锅中，按配方称好配料，花椒、八角、生姜装入布袋中和猪头一起下锅，加水至淹没猪头，煮开后保持 90 min 左右，煮至汁收汤浓即可出锅。白酒在出锅前半小时加入，味精则在出锅前 5 min 加入。

（4）拆骨分段　猪头煮熟后趁热取出头骨及小碎骨，摘除眼球，然后将猪头肉切成三段：齐耳根切一刀，将两耳切下，齐下颌切一刀，将鼻尖切下，中段为主料。

（5）装模　先将洗净煮沸消毒的铝制或不锈钢方模底及四壁垫上一层煮沸消毒过的白垫布，然后放入食品塑料袋，口朝上。先放一块中段，皮朝底，肉朝上；再将猪耳纵切为 3～4 根长条连同鼻尖及小碎肉放于中间；上面再盖一块中段，皮朝上，肉朝下。将袋口叠平折好，再将方模盖压紧扣牢即可。

（6）冷却定型　装好模的猪头肉应立即送入 0～3℃的冷库内。经冷却 12 h，即可将猪头方肉从模中取出进行贮藏或销售。在 2～3℃条件下，可贮藏 1 周左右。

十、广州卤猪肉

1. 原料配方（以 100 kg 猪肉计）

老抽 20 kg，冰糖 18 kg，绍酒 10 kg，食盐 2 kg，桂皮 1 kg，八角 1 kg，草果 1 kg，甘草 1 kg，花椒 0.5 kg，丁香 0.5 kg，山奈 0.5 kg。

2. 操作要点

（1）原料选择与整理　选用经兽医卫生检验合格的猪肋部或前后腿或头部带皮鲜肉，但肥膘不超过 2 cm。先将皮面修整干净并剔除骨头，之后将猪肉切成长方块，每块重为 300～500 g。

（2）预煮　把整理好的肉块投入沸水锅内焯 15 min 左右，撇净血污，捞出锅后用清水洗干净。

（3）配制卤汁　将配方中的香辛料用白纱布包好放入锅内，加清水 100 kg，小火煮沸 1 h 即配成卤汁。包好的原料还可以留下次再煮，煮成的卤水可以连续使用，每次煮完后，除去杂质泡沫，撇去浮油，剩下的净卤水再加入食盐煮沸后，即可将卤水盛入瓦缸中保存（称卤水缸）。下次卤制时，可以将卤水倒入锅内，并放入上回的辅料再煮。辅料包若已翻煮多次，应投放新辅料包，以保持卤水的质量。卤汁越陈，制品的香味愈佳。

（4）卤制　把经过焯水的肉块放入装有香料袋的卤汁中卤制，旺火烧开后改用中火煮制 40～60 min。煮制过程需翻锅 2～3 次，翻锅时需叉住瘦肉部位，以保持皮面整洁，不出油，趁热出锅晾凉即为成品。

十一、广州卤猪肝

1. 原料配方（以 100 kg 猪肝计）

食盐 5 kg，姜片 3.5 kg，酱油 2.5 kg，葱段 1 kg，料酒 1 kg，味精 0.75 kg，香料包 1 个（内装花椒、八角、丁香、小茴香、桂皮、陈皮、草果各适量）。

2. 操作要点

（1）原料整理和预煮　将猪肝按叶片切开，反复用清水冲洗干净。放入烧沸的清水中，加入葱、姜，放入猪肝煮约 3 min，捞出。

（2）卤制　锅内放入清水，加入食盐、味精、料酒、酱油、香料包，大火烧沸 5 min，离火，放入猪肝焖至断生（切开不见血水），冷却，浸泡，食用时切片装盘即可。

十二、上海卤猪肝

1. 原料配方

猪肝 50 kg，盐 600 g，酱油 2.5～3.5 kg，白砂糖 3～4 kg，绍酒 3.5 kg，小茴香 300 g，桂皮 300 g，姜 600 g，葱 1.25 kg。

2. 操作要点

（1）原料处理　将猪肝置于清水中，漂去血水，修去油筋，如有水泡，必须剪开，并把白色水泡皮剪去；如发现有苦胆，要仔细去除；如有黄色苦胆汁沾染在肝叶上，必须全部剪除。猪肝经过整理并用清水洗净后，用刀在肝叶上划些不规则的斜形十字方块，以使卤汁透入其内部。

（2）卤制　将葱、姜、桂皮、小茴香分装在两个小布袋中，扎紧袋口，连同绍酒、酱油、盐、白砂糖（总配方量的 80%）放入锅内，再加入原料重量 50%的清水。如用老卤，应视其咸淡程度酌量减少辅料。用文火烧煮，至锅内发出香味时，即可倒入原料进行卤制。继续用文火煮 20～30 min，先取出一块，用刀划开，查看是否煮熟。待煮熟后，捞出放于有卤的容器中，或者出锅后数十分钟再浸入卤锅中。室内不宜通入大的风，因为卤猪肝经风吹后，表面发硬变黑，不香不嫩。取出锅内一部分卤汁，撇去浮油，置于另一小锅中，加上白砂糖（剩余的 20%），用文火煎浓，用于在成品食用或销售时，涂于成品上，以增进成品的色泽和口味。大锅内剩余的卤汁应妥善保管，留待继续使用。

十三、上海卤猪心、猪肚、猪肠

1. 原料配方

猪心（猪肚、猪肠）50 kg，盐 750 g，酱油 3 kg，白砂糖 1.5 kg，绍酒 1.75 kg，茴香 130 g，桂皮 65 g，葱 250 g，姜 130 g。

2. 操作要点

（1）原料处理

① 猪心　用刀剖开猪心，使之成为 2 片，但仍须相连。挖出心内肉块，剪去油筋，用清水洗净。

② 猪肚　将猪肚放于竹箩内，加些盐和明矾屑，用木棒搅拌，或用手搓擦，如数量过多，可使用洗肚机。猪肚内的胃黏液受到摩擦后，会不断从竹箩隙缝中流出，然后取出猪肚，放在清水中漂洗，剪去猪肚上附着的油及污物，再用棕刷刷洗后，放入沸水中浸烫 5 min 左右，刮清肚膜（俗称白肚衣），用清水洗净。

③ 猪肠　将猪肠翻转，撕去肠上附着的油及污物，剪去细毛，用清水洗净后，再翻转、放入竹箩内，采用整理猪肚的方法，去除黏液，再用清水洗净，盘成圆形，用绳扎牢，以便于烧煮。猪肚、猪肠腥臭味最重，整理时需特别注意去除其腥臭味。

（2）白煮　因内脏品种不同，白煮方法略有不同。猪肚、猪肠由于腥味重，白煮尤为主要。猪肠白煮时，先将水烧开，再倒入原料，再烧开后，用铲翻动原料，撇去锅面浮油及杂物，然后用文火煮，猪肠煮 1 h，猪肚煮 1.5 h，即可出锅。然后，将猪肠、猪肚放在有孔隙的容器中，沥去水分，以待卤制。猪心白煮时，要在水温烧到 85℃时下锅，不要烧沸。

（3）卤制　将葱、姜、桂皮、小茴香分装在两个小布袋中，扎紧袋口，连同绍酒、酱油、盐、白砂糖（总配方量的 80%）放入锅内，再加入原料重量 50% 的清水。如用老卤，应视其咸淡程度酌量减少辅料。用文火烧煮，至锅内发出香味时，即可倒入原料进行卤制。继续用文火煮 20～30 min，先取出一块，用刀划开，查看是否煮熟。待煮熟后，捞出放于有卤的容器中，或者出锅后数十分钟再浸入卤锅中。取出锅内一部分卤汁，撇去浮油，置于另一小锅中，加上白砂糖（剩余的 20%），用文火煎浓，用于在成品食用或销售时，涂于成品上，以增进成品的色泽和口味。大锅内剩余的卤汁应妥善保管，留待继续使用。

十四、开封卤猪头

1. 原料配方（以 100 kg 猪头肉计）

酱油 4 kg，食盐 3 kg，料酒 2 kg，肉桂 0.3 kg，草果 0.24 kg，花椒 0.2 kg，

生姜 1.5 kg，荜拨 0.16 kg，鲜姜 0.2 kg，山奈 0.16 kg，丁香 0.06 kg，八角 0.4 kg，白芷 0.06 kg。

2. 操作要点

（1）选料与处理　选用符合卫生检验要求的新鲜猪头作加工原料，彻底刮净猪头表面、脸沟、耳根等处的毛污和泥垢，拔净余毛和毛根。将猪面部朝下放在砧板上，从后脑中间劈开，挖取猪脑，剔去头骨，割下两耳，去掉眼圈、鼻子；取出口条，用清水浸泡 1 h，捞出，洗净，沥去水分。

（2）煮制　将洗净的猪头肉、口条、耳朵放入开水锅中焯水 15 min，捞出，沥干，放入老卤汤锅内，加上其他调味料和香辛料，加水漫过猪头，大火烧开，文火煨 2 h 左右，捞出。出锅的猪头，趁热拆出骨头，整形后即为成品。

十五、开封卤猪肺

1. 原料配方（以 100 kg 猪肺计）

食盐 2.5 kg，酱油 2 kg，糖色 0.04 kg，小茴香 0.034 kg，花椒 0.034 kg，良姜 0.034 kg，桂皮 0.034 kg，丁香 0.7 kg，八角 0.034 kg，草豆蔻 0.034 kg。

2. 操作要点

（1）原料整理　将猪肺用清水洗干净，去血污，使肺白净，剪去淤血异物，捅开小管，放入开水锅余一遍。使肺变色捞出，去掉肺管内膜白皮，用清水冲洗干净。

（2）煮制　投入沸腾的老汤锅内，加辅料，压锅浥卤，40 min 翻一次锅，文火煮沸 1 h，待熟后捞出晾凉即可。

（3）卤制　先将小茴香、桂皮、丁香、良姜、草豆蔻、花椒、八角等盛入布袋（可连续用 3～4 次）内，并与酱油、食盐等一起放入锅内，再放入下水，加清水淹没原料。如用老卤代替清水，食盐只需加 1.25 kg。将不同品种分批下到卤汤锅中，用旺火煮烧至沸后改用小火使其保持微沸状态。先下猪肺，煮至猪肺全部熟透，在出锅前 15 min 加入味精，出锅即为成品。出锅后，按品种平放在熟肉案上，不能堆垛。下水出锅后即涂上麻油使之色添光亮。

十六、长春轩卤肉

1. 原料配方（以 100 kg 猪肉计）

食盐 4 kg，草果 0.2 kg，冰糖 3 kg，陈皮 0.5 kg，八角 0.4 kg，小磨香油 0.2 kg，花椒 0.2 kg，白豆蔻 0.2 kg，砂仁 0.1 kg，丁香 0.1 kg，良姜 0.2 kg，绍酒适量。

2. 操作要点

（1）选料、制坯　选用鲜猪肉，切成重 500 g 的块，放入清水中，除去血水，4 h 后捞出刮皮，用镊子除去余毛，成肉坯。

（2）卤煮　辅料中的香辛料装纱布袋，扎好口，放入烧沸的老汤中，略煮 5 min，下入肉坯，煮半小时后加入食盐、绍酒等，再以文火炖之，每隔几分钟翻动一次，待肉坯七成熟时，下冰糖，再煮至熟。

（3）涂油　肉坯煮熟，捞出，皮朝上晾凉，将小磨香油涂于皮上。凉透，即为成品。

十七、邵阳卤下水

1. 原料配方（以 100 kg 猪下水计）

食盐 2.5 kg（新卤 4 kg），酱油 2 kg，白糖 2 kg，白酒 2 kg，糖色 0.6 kg，丁香 0.3 kg，桂皮 0.2 kg，八角 0.2 kg，甘草 0.2 kg，肉豆蔻 0.1 kg，山柰 0.1 kg，陈皮 0.1 kg，桂子 0.05 kg，小茴香 0.05 kg。

2. 操作要点

（1）原料肉的选择与处理　将猪头、猪尾、猪蹄去毛去血污，先放在水温 75～80℃ 的热水中烫毛，把毛刮去。刮不掉的用镊子拔一两次，剩下的绒毛用酒精喷灯喷火燎毛，再用刀修净。猪头劈半去骨。

猪蹄从蹄叉分切两面三刀段，每半块再切成两面段；尾巴不切。放入开水锅煮 20 min，捞出放到清水中浸泡洗涤。

猪舌，从舌根部切断，洗去血污，放到 70～80℃ 温开水中浸烫 20 min，至舌头上表皮能用手指甲扒掉时，捞出用刀刮去白色舌苔，洗净后用刀在舌根下缘切一刀口，利于煮时料味进去，沥干水分待卤制。

猪肚，将肚翻开洗净，撒上食盐或明矾揉搓，洗后在 80～90℃ 温开水中浸泡 15 min，至猪肚转硬，内部一层白色的黏膜能用刀刮去时为止。捞出放在冷水中 10 min，用刀边刮边洗，直至无臭味、不滑手时为止，沥干水分。用刀从肚底部将肚切成弯形的两大片，去掉油筋，沥去水分。

猪大肠，将猪大肠切成 40 cm 长的肠段，翻肠后用盐或明矾揉擦肠壁，将污物除尽。然后用水洗净，放入沸水锅内泡 15 min 捞起，浸入冷水中冷却后，再捞起沥干水分。

猪心，将猪心切开，洗去血污后，用刀在猪心外表划几条树叶状刀口，把心摊平呈蝴蝶形。洗净后放入开水锅内浸泡 15 min，捞出用清水洗净，沥干水分待卤制。

猪肝，将猪肝切分为三叶，在大块肝表面上划几条树枝状刀口，用冷水洗净淤血。其他两块肝叶因较小，可横切成块或片。洗净的肝放入沸水中煮 10 min，至肝表面变硬，内部呈鲜橘色时，捞出放在冷水中，冲洗去刀口上的血渍。

猪腰（肾），整理方法与猪肝相同，值得注意的是，必须把输尿管及油筋去净，否则会有尿臊气。

猪喉头骨（气管），是一种软脆骨，切开喉管一边，洗去污物，用刀砍数刀，但不要砍断，放入 80～90℃ 温开水里烫 5 min，然后洗净。

（2）卤制　先将小茴香、桂皮、丁香、甘草、陈皮、八角等盛入布袋（可连续用 3～4 次）内，并与酱油、白糖、白酒、食盐等一起放入锅内，再放入下水，加清水淹没原料。如用老卤代替清水，食盐只需加 1.25 kg。将不同品种分批下到卤汤锅中，用旺火煮烧至沸后改用小火使其保持微沸状态。先下猪蹄，煮 30 min 后下猪头，再煮 20 min 后下猪舌、猪尾，煮 40 min 后下猪心、猪肚、猪肝、腰、大肠、喉骨等。煮至猪肝全部熟透，猪头肉能插入筷子，猪脚骨突出外透，吃起来骨肉易分离时，出锅即为成品。出锅后，按品种平放在熟肉案上，不能堆垛。下水出锅后即涂上麻油使之色泽光亮。

十八、武汉卤猪肝

1. 原料配方（以 100 kg 猪肝计）

食盐 4 kg，黄酒 2 kg，白糖 2 kg，红曲米 1 kg，桂皮 0.6 kg，小茴香 0.4 kg，味精 0.2 kg。

2. 操作要点

选用新鲜的猪肝，撕掉胆囊，割去硬筋，用清水将猪肝洗干净，放进沸水锅内文火预煮 20 min，然后放入装有料袋的老汤锅内，微火煮 30 min，出锅即为成品。

十九、卤多味猪心

1. 原料配方（以 100 kg 猪心计）

食盐 1.25 kg，花椒 0.15 kg，酱油 2.5 kg，桂皮 0.15 kg，料酒 1.5 kg，砂仁 0.15 kg，葱段 1.5 kg，八角 0.15 kg，姜片 0.75 kg，小茴香 0.1 kg，胡椒 0.15 kg，丁香 0.1 kg。

2. 操作要点

（1）原料整理　原料要选择新鲜猪心，用刀截去心边，劈成两半，抠去淤血，反复冲净心室中血水；洗净后顺刀切成 3 mm 厚的片，放入水锅内，加热烧沸烫透捞出，控净水。

（2）卤制　锅内放入清水，加入全部调味料和香辛料包，烧沸后煮 10 min，再把猪心放入卤汤内煮制入味后即成。卤制时间不宜过长。食用时切片装盘。

二十、白卤猪腿肉

1. 原料配方

猪腿肉 10 kg，盐 0.14 kg，冰糖 0.1 kg，老抽 0.2 kg，葱 0.01 kg，姜 0.01 kg，八角 0.02 kg，花椒 0.02 kg，小茴香 0.01 kg，草果 0.02 kg，肉蔻 0.02 kg，桂皮 0.02 kg，香叶 0.01 kg。

2. 操作要点

（1）原料整理　将猪腿肉洗净后浸泡，去除血水。将猪腿肉放入开水中，加入料酒焯水。

（2）卤制　锅内放入清水，放入全部调味料和香辛料，大火煮开。将焯好的猪腿肉放入煮好的卤水中，大火煮开，转中小火卤 30 min。关火后，让猪腿肉在卤水中焖 3~4 h，再次开火，大火煮开，转中火煮 20 min 捞出。

二十一、香卤猪耳

1. 原料配方

猪耳 10 kg，葱 0.2 kg，姜 0.2 kg，料酒 0.02 kg，八角 0.1 kg，桂皮 0.1 kg，花椒 0.05 kg，盐 0.3 kg。

2. 操作要点

（1）原料整理　将猪耳刮去耳垢，除去耳边上的毛，洗净后切去耳根肥肉。锅内加清水，放入猪耳，煮开后片刻捞出，洗净血沫。

（2）卤制　锅内放入清水，加入各辅料和香辛料，水煮开后放入猪耳煮 1.5 h，待猪耳熟透捞出。

二十二、白卤猪舌

1. 原料配方

猪舌 10 kg，盐 0.06 kg，酱油 1 kg，葱 0.5 kg，姜 0.2 kg，蒜 0.2 kg，花椒 0.06 kg。

2. 操作要点

（1）原料整理　将猪舌洗净，放入开水锅预煮 10 min，取出，用刀把舌上白皮（即舌苔）刮干净，再用清水冲洗干净。

（2）卤制　锅内放入清水，加入各辅料和香辛料，水煮开后放入猪舌煮 40 min，关火后继续焖制 15 min 后冷却。

二十三、酱汁卤猪蹄

1. 原料配方

猪蹄 10 kg，酱油 0.5 kg，白糖 0.35 kg，黄酒 0.2 kg，葱 0.2 kg，姜 0.2 kg，茴香 0.1 kg。

2. 操作要点

（1）原料整理　猪蹄用刀刮去细毛，清水洗净，再用刀从趾缝中斩成两片。锅中放入清水，用大火烧开，投入猪蹄焯水，去掉污物异味，捞出用清水洗净。

（2）卤制　锅内放入清水，加入各辅料和香料，加入猪蹄，大火烧开后，转用小火慢慢烧煮。待猪蹄成熟起酥、汤汁浓稠（用勺舀出大部分卤汁作红卤水），再用大火收汁，待卤汁全部包裹猪蹄时出锅。

二十四、卤五香猪肘子

1. 原料配方（以 100 kg 猪肘计）

食盐 2 kg，葱段 0.6 kg，味精 0.8 kg，猪肉老卤 120 kg，姜片 0.4 kg，调料油 4 kg，料酒 2 kg。

2. 操作要点

将猪肘装入盆内，加热水浸泡 20 min，用刀刮净皮面，洗净沥干。从肘骨上端（大头）将肘骨剔出，肉面剖上交叉刀口。将食盐、味精、料酒、葱段、姜片、调料油装入同一碗内，调和均匀，抹在肘子肉面上，腌制 12 h。用棉线绳将猪肘包扎呈球形，放入老卤罐中，用慢火卤熟捞出，去掉绳网，刷一层香油即可。

二十五、红卤猪脚圈

1. 原料配方

猪蹄 10 kg，酱油 0.5 kg，白糖 0.25 kg，大葱 0.5 kg，姜 0.3 kg，料酒 0.25 kg，八角 0.1 kg，桂皮 0.1 kg，丁香 0.03 kg，砂仁 0.1 kg。

2. 操作要点

（1）原料整理　将猪蹄去净细毛，用刀刮净皮面，清水冲洗干净。锅内加清水，投入猪蹄，烧开焯水，撇去浮沫，捞出用清水冲净。

（2）卤制　锅内放入清水，加入各辅料和香辛料，加入猪爪，旺火烧开后改用小火烧煮。待猪蹄逐渐上色，皮面酥软时，再转用小火收浓卤汁，捞出冷却后改刀（小猪蹄圈不改刀）装盘即可食用。

第二节　牛肉卤制品加工

一、五香牛肉

1. 原料配方（以 100 kg 牛肉计）

食盐 6 kg，鲜姜 1 kg，草果 0.1 kg，白糖 3 kg，硝酸钠 0.1 kg，花椒 0.2 kg，八角 0.2 kg，陈皮 0.1 kg，丁香 0.05 kg。

2. 操作要点

（1）原料整理　选用卫生合格的鲜牛肉，剔去骨头、筋腱，切成 200 g 左右的肉块。

（2）腌制　切好的牛肉块加入食盐、硝酸钠，搅拌均匀，低温腌制 12 天，其间翻倒几次。腌好的肉块在清水中浸泡 2 h，再冲洗干净。

（3）煮制　洗净的肉块放入锅内，加水漫过肉块，煮沸 30 min，撇去汤面上的浮沫，再加入各种辅料，用文火煮制 4 h 左右。煮制时，翻锅 2～3 次。出锅冷却后，即为成品。

二、五香卤牛肉

1. 原料配方（以 100 kg 牛肉计）

食盐 10 kg，葱 5 kg，姜 3 kg，白糖 2 kg，八角 0.2 kg，酱油 6 kg，甜面酱 6 kg，料酒 3 kg，植物油 10 kg，小茴香 0.2 kg，丁香 0.2 kg，草果 0.2 kg，砂仁 0.2 kg，白芷 0.2 kg，白豆蔻 0.1 kg，桂皮 0.2 kg，花椒 0.2 kg。

注：其中八角、花椒、小茴香、丁香、草果、砂仁焙干研成粉末。

2. 操作要点

（1）原料处理　尽量选用优质、无病的新鲜牛肉，如系冻牛肉，则应先用清水浸泡，解冻一昼夜。卤制前将肉洗净剔除骨、皮、脂肪及筋腱等，然后按不同部位截选肉块，切割成每块重 1 kg 左右。将截选切割的肉块按肉质老嫩分别存放备用。

（2）腌制　将肉切成 350 g 左右的块，用竹签扎孔，将白糖、食盐、八角面掺匀撒在肉面上，逐块排放缸内，葱、姜拍烂放入，上压竹箅子，每天翻动一次。腌制 10 天后将肉取出放清水内洗净，再用清水浸泡 2 h，捞出沥干水分。

（3）卤制　锅内加入植物油，待油热后将甜面酱用温水化开倒入，用勺翻炒至呈红黄色时兑入开水，加料酒和酱油。汤沸时将牛肉块放入开水锅内，开水与肉等量，用急火煮沸，并按一定比例放入辅料，先用大火烧开，改用小火焖煮，肉块与辅料下锅后隔 30 min 翻动 1 次，煮 2 h 左右待肉块煮烂，肉呈棕红色和有特殊香味时捞放在算子上，晾冷后便为成品。

三、麻辣卤牛肉

1. 原料配方

牛腱子肉 10 kg，花椒 0.02 kg，麻椒 0.02 kg，干红辣椒 0.02 kg，香叶 0.02 kg，桂皮 0.02 kg，冰糖 0.2 kg，盐 0.5 kg，老抽 0.5 kg，蒜 0.3 kg，姜 0.5 kg，料酒 0.3 kg。

2. 操作要点

（1）原料整理　牛腱子肉泡冷水，反复换清水，将血水泡出，再用食品叉扎出洞眼，便于入味。

（2）腌制　泡好的牛腱子肉放入锅中，加入料酒、老抽，按摩牛肉，腌制 30 min。

（3）卤制　锅中加入清水，加入辅料和香辛料，大火烧开后转小火慢煮 45 min。捞出冷却即可。

四、盐水牛肉

1. 原料配方（以 100 kg 牛肉计）

冰水 30 kg，白糖 7.5 kg，食盐 5 kg，大豆蛋白 4 kg，料酒 2 kg，磷酸盐 1.5 kg，辣椒粉 0.5 kg，葡萄糖 0.4 kg，卡拉胶 0.4 kg，味精 0.2 kg，香叶 0.05 kg，维生素 C 0.04 kg，丁香 0.025 kg，胡椒 0.15 kg，亚硝酸钠 0.01 kg。

2. 操作要点

（1）原料整理　将冻牛肉摊放在解冻间自然解冻。肉块解冻软化后将碎油、筋膜、杂物、脏污去净后，修割成 1 kg 左右的肉块。然后放入容器内，避免彼此堆叠挤压，放入预冷间内冷却。

（2）盐水制备　胡椒面先用水稀释后加入，冷却后备用。将卡拉胶置入小盆内，并倒入 500 mL 料酒，稍加搅拌即溶入酒液中，胀发后再加同量料酒稀释，备用。用制作五香牛肉经澄清后的预煮汤水，汤汁称重后分别溶入调味料及部分添加剂，为加速溶解可边加边搅。然后将溶解后的卡拉胶和胡椒面水倒入已经冷却的汤汁内，继续搅拌使其混合均匀。

（3）盐水注射　将配制好的盐水置入盐水注射机内进行盐水注射，肉块经注射后需放入浅盘内，不得堆叠、挤压，避免盐水外溢。

（4）滚揉　将注射后的肉料与剩余盐水，放入滚揉机内进行滚揉，滚揉机的转速为 8 r/min，滚揉 40 min，静置 20 min，间歇滚揉 8 h。

（5）腌制　滚揉后将肉块留在滚揉机内，在原液中继续腌制 16 h，待肉块呈均匀的玫瑰红色，添入的大豆蛋白粉包裹在外面，肉块间互相粘连在一起，手感松弛而滑润，即可出机煮制。

（6）煮制　煮锅内放入一半清水，放入辅料袋加热，待水温至 90℃时持续，30 min，将腌制后的肉块放入锅内，将锅盖盖严，使汤温保持在 80℃左右。1 h 后将锅盖打开，撇净浮在汤面上的油及沫子。2 h 后，继续撇净浮沫并用铲刀铲动锅底的肉块，3 h 时肉块开始浮出水面，倒入味精，再过 20 min 肉块全部浮出水面，将其捞入容器内进行冷却。

（7）冷却、包装　将肉块摊凉在冷却案子上，待肉温卜降全 20℃后称量包装，每袋根据需要的重量，装入复合膜袋内，抽真空后即可。

五、广州卤牛肉

1. 原料配方（以 100 kg 牛肉计）

冰糖 5 kg，高粱酒 5 kg，白酱油 5 kg，食盐 1 kg，八角 0.5 kg，桂皮 0.5 kg，花椒 0.5 kg，草果 0.5 kg，甘草 0.5 kg，山奈 0.5 kg，黄酒 6 kg，丁香 0.5 kg，小磨香油、食用苏打适量。

2. 操作要点

（1）原料整理　选用新鲜牛肉，修去血筋、血污、淋巴等杂质，然后切成重约 250 g 的肉块，用清水冲洗干净。

（2）预煮　先将水煮沸后加入牛肉块，用旺火煮 30 min（每 5 kg 沸水加苏打粉 10 g，加速牛肉煮烂）。然后将肉块捞出，用清水漂洗 2 次，使牛肉完全没有苏打味为止。捞出，沥干水分待卤。

（3）卤制　用细密纱布缝一个双层袋，把固体香辛料装入纱布袋内，再用线把袋口密缝，做成香辛料袋。在锅内加清水 100 kg，投入香辛料袋浸泡 2 h，然后用文火煮沸 1.5 h，再加入冰糖、白酱油、食盐，继续煮半小时。最后加入高粱酒，待煮至散发出香味时即为卤水。将沥干水分的牛肉块移入卤水锅中，煮沸 30 min 后，加入黄酒，然后停止加热，浸泡在卤水中 3 h，捞出后刷上香油即为卤牛肉。

六、四川卤牛肉

1. 原料配方（以 100 kg 鲜牛肉计）

（1）味精味　豆油 3 kg，白胡椒 5 g，桂皮 5 g，味精 70 g（要起锅时再下，下同）。

（2）麻辣味　花椒 300 g，辣椒 400 g，芝麻 400 g，豆油 2 kg，味精 30 g，

香油 400 g，白胡椒 5 g，桂皮 5 g。

（3）果汁味　冰糖 400 g，香菌 150 g，熟鸡油 150 g，玫瑰 100 g，醪糟 150 g，白豆油 3 kg。

2. 操作要点

（1）原料处理　先将 100 kg 鲜牛肉切成重 800～1500 g 的大块，用清水漂洗干净，然后放入锅中稍煮，煮开后立即捞起，目的是除去血腥味。在煮时可先在锅底放两把干净谷草，以便加快除去鲜牛肉的血污。最后，剔除筋膜。

（2）卤制　首先制备卤汁，凉净水 20 kg，豆油 3 kg，盐 2.5 kg，小茴香、山奈、八角、花椒、桂皮、姜、胡椒、草果等香料适量装袋，总重量为 500～800 g，混合煮开熬成卤汁。将不同味别的辅料下到卤汁中，再依次放入煮过的牛肉，急火烧开，小火慢焖 30～60 min（视牛肉的老嫩）起锅即成不同味别的卤牛肉。

七、郑州炸卤牛肉

1. 原料配方（以 100 kg 牛后腿肉计）

食盐 5 kg，大葱 2 kg，料酒 1 kg，生姜 1 kg，红曲米粉 1 kg，草果 0.1 kg，八角 0.15 kg，良姜 0.1 kg，花椒 0.15 kg，硝酸钾 0.15 kg，桂皮 0.1 kg，丁香 0.05 kg，香油适量。

2. 操作要点

（1）选料和整理　将牛后腿肉中的骨、筋剔去，切成 150～200 g 的长方形肉块。

（2）腌制　用食盐、花椒、硝酸钾把牛肉块搅拌均匀，放入缸内腌渍（冬季 5～7 天；夏季 2～3 天），每天翻动 1 次。待肉腌透发红后捞出洗净，控去水分。

（3）卤制　把腌透的牛肉放入开水锅内煮 30 min，同时撇去锅内的浮沫，然后加入辅料（料酒到牛肉卤制八成熟时加），转文火煮到肉熟，捞出冷却。

（4）油炸　把煮熟的牛肉用红曲米水染色后，放入香油锅油炸，外表炸焦即为成品。

八、广州卤牛腰

1. 原料配方（以 100 kg 牛腰计）

酱油 4.4 kg，白糖 2.2 kg，食盐 2.1 kg，甘草 0.6 kg，陈皮 0.6 kg，草果 0.5 kg，丁香 0.05 kg，八角 0.5 kg，花椒 0.5 kg，桂皮 0.5 kg。

2. 操作要点

（1）原料整理　选用新鲜牛腰，撕去外表的一层膜，剔除全部结缔组织，略为切开一部分，再用清水洗净。

（2）焯水　清洗好的牛腰放入 100℃ 的开水锅中，浸烫 20 min，再放入清水中浸泡 10 min，以进一步除腥臊味，捞出沥干水分。

（3）卤制　按配方将各种原料放入锅内，其中香辛料用纱布袋装好，待汤沸后撇去浮沫，卤制 40 min 左右后，牛腰继续浸于卤汁中晾凉即可。食用时切片装盘，浇上少许卤汁，涂上麻油即成。

九、观音堂牛肉

1. 原料配方（以 100 kg 牛肉计）

食盐 6 kg，酱油 2 kg，陈皮 0.1 kg，生姜 0.05 kg，丁香 0.05 kg，八角 0.1 kg，大蒜 0.1 kg，砂仁 0.05 kg，白芷 0.05 kg，硝酸钠 0.04 kg，花椒 0.05 kg，白豆蔻 0.05 kg。

2. 操作要点

（1）原料的选择与处理　选用符合卫生检验要求的鲜牛肉作为加工的原料。剔去原料肉的筋骨，切成 200 g 重的肉块。在牛肉块中加入食盐、硝酸钠，搅拌搓揉，放入缸中腌制，春秋季节腌制 4～5 天，夏天 2～3 天，冬季 7～10 天，每天翻缸上下倒肉 2 次，直到牛肉腌透，里外都透红为止。

（2）卤制　腌好的牛肉放入清水中，浸泡，洗净，放入老汤锅中，加水漫过肉块，旺火烧沸，撇去浮沫，再加入装入香辛料的料包，用文火卤制 7～8 h，其间每小时翻动一次。熟透出锅即为成品。

十、卤炸牛肉

1. 原料配方（以 100 kg 牛肉计）

花生油 15 kg，酱油 7.5 kg，大葱 1.5 kg，食盐 1.3 kg，黄酒 1.2 kg，陈皮 1.2 kg，白砂糖 1 kg，八角 0.8 kg，小茴香 0.8 kg，草果 0.33 kg，姜 0.5 kg，味精 0.2 kg。

2. 操作要点

（1）原料整理和腌制　将嫩黄牛肉剔去筋瓣，洗净；把牛肉切成 1 cm 厚的大片，将其肌肉纤维拍松。然后在肉面一侧剞上刀纹，加入酱油 2.5 kg，食盐 0.5 kg 拌匀，腌渍 3 h，使其入味。

（2）制卤汁　把陈皮、八角、小茴香、草果洗净，装入纱布袋中扎紧口，放入清水锅中，加入酱油、白砂糖、食盐、黄酒、葱段（打结）、姜块（拍松），烧沸约 20 min，再加入味精制成卤汁。

（3）油炸和卤制　炒锅置旺火上，倒入花生油烧至 200℃ 时，投入牛肉片，炸至八成熟时捞出，放入制好的卤汁中，浸卤至肉烂入味。牛肉片经油炸后再卤制，鲜香可口，饱含卤汁且滋味醇厚。冷却后改刀装盘即可供食用。

十一、卤牛肚

1. 原料配方

牛肚 10 kg，桂皮 0.03 kg，八角 0.02 kg，香叶 0.02 kg，花椒 0.02 kg，干辣椒 0.02 kg，姜 0.05 kg，冰糖 0.1 kg，小葱 0.15 kg，生抽 0.3 kg，老抽 0.5 kg，食盐 0.2 kg，料酒 0.2 kg。

2. 操作要点

（1）原料整理　将牛肚用清水洗净，用食盐、面粉和醋（比例为 10∶10∶3）搓洗，重复两次以去除腥味。将牛肚放入沸水中汆烫，加入姜片，焯水捞出。

（2）卤制　在锅中放入清水，加入焯过水的牛肚、辅料和香辛料，大火煮开后转小火盖盖煮 2 h，直到筷子能插入牛肚即可。

（3）成品　煮好后牛肚在卤汁中浸泡一夜，以便更入味。卤好的牛肚冷却、切片后即可食用。

十二、卤牛舌

1. 原料配方

牛舌 10 kg，大葱 0.15 kg，姜 0.15 kg，料酒 0.1 kg，食盐 0.1 kg，花椒 0.05 kg，八角 0.1kg，香油 0.1 kg，酱油 0.1 kg，3%硝水适量。

2. 操作要点

（1）原料整理　将牛舌洗净，沥水，装入盘内放入盐和硝水，腌 8 h 备用。

（2）卤制　锅中倒入清水，放入牛舌、辅料和香辛料，大火烧开，撇去浮沫，转小火，卤制 4 h，待牛舌熟时，捞出沥汤，趁热撕去牛舌皮。

（3）成品　牛舌继续焖制 3 h，捞起沥汤，改刀成片状即为成品。

十三、卤牛尾

1. 原料配方

牛尾 10 kg，老姜 0.2 kg，大葱 0.2 kg，生抽 0.8 kg，老抽 0.2 kg，冰糖 0.3 kg，食盐 0.2 kg。

2. 操作要点

（1）原料整理　将牛尾泡水 30 min，洗净备用。烧水，加入牛尾、姜、葱、生抽、老抽和冰糖，烧开后撇去浮沫，直到没有浮沫后，将牛尾捞出洗净。

（2）卤制　将焯水后的牛尾倒入煮开的料水中，大火煮 10 min 后转中小火卤制 3 h。

（3）成品　卤好的牛尾继续焖制一夜入味，第二天加热即可食用。

第三节　羊肉卤制品加工

一、卤白切羊肉

1. 原料配方

羊肉 10 kg，羊棒骨 20 kg，姜片 0.2 kg，葱 0.2 kg，小茴香 0.03 kg，花椒 0.02 kg，陈皮 15 克，白芷 0.01 kg，白豆蔻 0.01 kg，味精 0.1 kg，白酒 0.4 kg。

2. 操作要点

（1）原料整理　将带皮羊肉切成每块约 250 g 的肉块，放入清水中浸泡，将血水泡干净，沥干水分备用。

（2）卤水熬制　将清水、羊棒骨、姜、葱放入锅中，大火烧开后，熬至汤呈乳白色，然后过滤取高汤。在高汤中加入香辛料和味精，大火烧开后转中火熬制 30 min，即为白切羊肉卤水。

（3）卤制　将处理好的羊肉块放入白切卤水中，加入白酒，大火烧开后转小火（沸而不腾）煮约 50 min，即为成品。

二、内蒙古手扒羊肉

1. 原料配方（按 100 kg 羊肉计）

醋 7.5 kg，酱油 6.5 kg，辣椒油 5 kg，葱段 2.5 kg，香菜末 2.5 kg，去皮姜片 1.5 kg，蒜 1 kg，食盐 0.5 kg，黄酒 0.5 kg，麻油 0.5 kg，花椒、味精、八角、桂皮、胡椒粉适量。

2. 操作要点

（1）宰杀与处理　通常选用膘肥肉嫩的羔羊，先拔去胸口近腹部的羊毛，后用刀割开二寸左右的直口，将手顺口伸入胸腔内，摸着大动脉将其掐断，使羊血都流聚在胸腔和腹腔内，谓之"掏心法"。这种杀羊法优于"抹脖杀羊法"，即羊血除散在腔内一部分外，还有少部分浸在肉里，使羊肉呈粉红色，煮出来味道鲜美，易于消化，羊肉干净无损。然后剥去皮，切除头、蹄，除净内脏和腔血，切除腹部软肉。将全羊带骨制成数十块。或选用羊腰窝带骨肉，切成长约 13 cm、宽 2 cm 的条块，洗净。

（2）煮制　在锅中加入羊肉条块，加足水，先用大火烧开，撇去浮沫，捞出羊肉块，洗净。然后换入适量的清水，再放入洗净的羊肉、八角、花椒、桂皮、葱段、姜片、黄酒、食盐，用大火烧开，盖上盖，转小火焖煮至肉熟烂即成。

草原牧民的做法一般是将羊肉放入不加盐和其他佐料的白水锅内，用大火保持原汁原味，适当控制火候。只要肉已变色，一般用刀割开，肉里微有血丝即捞出，装盘即可。

手抓羊肉的吃法与众不同，煮熟的大块羊肉，放在大木盘里，一手握刀，一手拿肉，用刀割、卡、挖、剔成块，蘸着由香菜末、蒜末、胡椒粉、醋、酱油、味精、麻油、辣椒油等调成的味汁吃。

第四节　鸡肉卤制品加工

一、布袋鸡

1. 原料配方

鸡1只（1 kg），海参20 g，干贝20 g，玉兰片20 g，海米20 g，口蘑50 g，山木耳50 g，食盐20 g，酱油200 g，冰糖100 g，黄酒50 g，桂皮6 g，八角3 g。

2. 操作要点

（1）原料与处理　选择1～2年生的健康嫩母鸡，通过宰杀，拔净毛，然后在鸡脖后开4～6 cm长的小口，用手掏净内脏，留下翅尖和小腿骨，反复冲洗干净。

（2）填料　将制坯后的鸡腹腔中填充山珍海鲜精品，如海参、干贝、玉兰片、海米、口蘑、山木耳等，填料量要适当。

（3）油炸　将填料后的鸡坯投入低温油锅中油烹紧皮。定型后就捞出，紧皮后的鸡移到高温油锅中油炸上色，当炸至鸡皮呈金黄色为止。

（4）清蒸　油炸后的鸡盛在盘里进行清蒸合味，一般蒸5 h后才为成品"布袋鸡"。

二、怪味鸡

1. 原料配方

（1）主料　白皮仔鸡1只（1 kg），怪味汁15 g，料酒100 g，大葱25 g，姜块25 g。

（2）怪味汁配方　芝麻酱25 g，麻油15 g，红油15 g，酱油5 g，精盐

2.5 g，花椒粉 0.5 g，味精 0.5 g，白糖 10 g，香醋 7.5 g，冷鸡汤 50 g，葱姜末，胡椒粉，蒜泥各少许。

2. 操作要点

（1）原料预处理　剖鸡洗净，入开水锅中，稍煮一下（俗称出水），待鸡紧皮时捞出，洗净血污待用。然后制作怪味汁，将芝麻酱用冷鸡汤调开，加入所有的调料，即成怪味汁。

（2）煮制　将炒锅置火上，加水烧开，将鸡再放入锅中重煮（用小火），同时下姜块、料酒、葱（打结）。边煮边撇净血污，并注意掌握火候，不能煮过头，也不能见生（可用竹筷扦插入鸡身肉厚处，当竹筷取出不见血水时，即可起锅）。

（3）成品　将鸡冷却后，剁去头、翅，剔除四大骨，切成块装盘，淋上怪味汁即成（亦可与怪味汁拌匀后装盘）。

三、道口烧鸡

1. 原料配方（以 100 kg 鸡肉计）

食盐 2～3 kg，砂仁 15 g，陈皮 30 g，白芷 90 g，丁香 3 g，白豆蔻 15 g，肉桂 90 g，草果 30 g，良姜 90 g，硝酸钾 15～18 g。

2. 操作要点

（1）原料选择　选择鸡龄在半年到 2 年以内，活重在 1～1.3 kg 之间的嫩鸡或肥母鸡，尤以柴鸡为佳，鸡的体格要求胸腹长宽、两腿肥壮、健康无病。原料鸡的选择影响成品的色、形、味和出品率。

（2）宰杀　宰杀前禁食 18 h，禁食期间供给充足的清洁饮水，之后将要宰杀的活鸡抓牢，采用三管（血管、气管、食管）切断法，放血洗净，刀口要小。宰后 2～3 min 趁鸡温尚未下降时，即可转入下道工序。放置的时间太长或太短均不易煺毛。

（3）浸烫和煺毛　当年鸡的褪毛浸烫水温可以保持在 58℃，鸡龄超过一年的浸烫水温应适当提高在 60～63℃之间，浸烫时间为 2 min 左右。煺毛采用搓推法，背部的毛用倒茬方法煺去，腿部的毛可以顺茬煺去，这样不仅效率高，而且不伤鸡皮，确保鸡体完整。煺毛顺序从两侧大腿开始→右侧背→腹部→右翅→左侧背→左翅→头颈部。在清水中洗净细毛，搓掉皮肤上的表皮，使鸡胴体洁白。

（4）开膛和造型　用清水将鸡体洗净，并从踝关节处切去鸡爪。在鸡颈根部切一小口，用手指取出嗉囊和三管并切断，之后在鸡腹部肛门下方横向切一个 7～9 cm 的口子（不可太深太长，严防伤及内脏和肠管，以免影响造型），从切口处掏出全部内脏（心、肝和肾脏可保留），旋割去肛门，并切除脂尾腺，去除鸡嗉和舌衣，然后用清水多次冲洗腹内的残血和污物，直至鸡体内外干净洁白为止。

造型是道口烧鸡一大特色，又叫撑鸡，将洗好的鸡体放在案子上，腹部朝上，头向外而尾对操作者，左手握住鸡身，右手用刀从取内脏之刀口处，将肋骨从中间割断，并用手按折。根据鸡的大小，再用8～10 cm长的高粱秆或竹棍撑入鸡腹腔，高粱秆下端顶着肾窝，上端顶着胸骨，撑开鸡体。然后在鸡的下腹尖部开一月牙形小切口，按裂腿与鸡身连接处的薄肉，把两只腿交叉插入洞内，两翅从背后交叉插入口腔，造型使鸡体成为两头尖的元宝形。现在也可不用高粱秆，不去爪，交叉盘入腹腔内造型。把造型完毕的白条鸡浸泡在清水中1～2 h，使鸡体发白后取出沥干水分。

（5）上色和油炸　沥干水分的鸡体，用毛刷在体表均匀地涂上稀释的蜂蜜水溶液，水与蜂蜜之比为6：4。用刷子涂糖液在鸡全身均匀刷三四次，每刷一次要等晾干后再刷第二次。稍许沥干，即可油炸上色。为确保油炸上色均匀，油炸时鸡体表面如有水滴，则需要用干布擦干。然后将鸡放入150～180℃的植物油中，翻炸1 min左右，待鸡体呈柿黄色时取出。油炸温度很重要，温度达不到时，鸡体上色不好。油炸时严禁破皮（为了防止油炸破皮，用肉鸡加工时，事先要腌制）。白条鸡油炸后，沥去油滴。

（6）煮制　用纱布袋将各种香料装入后扎好口，放于锅底。然后将鸡体整齐码好，将体格大或较老的鸡放在下面，体格小或较嫩的鸡放在上面。码好鸡体后，上面用竹箅盖住，竹箅上放置石头压住，以防煮制时鸡体浮出水面，熟制不均匀。然后倒入老汤（若没有老汤，除食盐外第一次所有配料加倍），并加等量清水，液面高于鸡体表层2～5 cm。煮制时恰当地掌握火候和煮制时间十分重要。一般先用旺火将水烧开，在水开处放入硝酸钾，然后改用文火将鸡焖煮至熟。焖煮时间视季节、鸡龄、体重等因素而定。一般为当年鸡焖煮1.5～2 h，一年以上的公母鸡焖煮2～4 h，老鸡需要焖煮4～5 h即可出锅。

出锅时，要一只手用竹筷从腹腔开口处插入，托住高粱秆或脊骨，另一只手用锅铲托住胸脯，把鸡捞出。捞出后鸡体不得重叠放置，应在室内摆开冷却，严防烧鸡变质。应注意卫生，并保持造型的美观与完整，不得使鸡体破碎。然后在鸡汤中加入适量食盐煮沸，放在容器中即为老汤，待再煮鸡时使用。老汤越老越好，有"要想烧鸡香，八味加老汤"的谚语。道口烧鸡夏季在室温下可存放3天不腐，春秋季节可保质5～10天，冬季则可保质10～20天。

四、白果烧鸡

1. 原料配方

新嫩母鸡2只（约2.5 kg），白果（银杏）500 g，料酒60 g，姜片20 g，食盐 20 g。

2. 操作要点

（1）原料预处理　将鸡宰杀，去毛去内脏，清水洗净，用刀沿鸡背脊处剖开，腹部不要剖开，投入冷水锅中，烧至将沸时捞出，用清水洗净，去除血污待用。将白果壳敲开，连壳入开水锅略焯，取出剥去外壳洗净。

（2）烧制　将整鸡放入锅中，加水淹没鸡身，加入姜片、料酒，加盖焖烧 30 min 左右，至鸡半熟。汤汁趋浓后，再转倒进大砂锅内，放进白果、食盐，加盖用文火烧 15 min 左右，至鸡肉酥烂，汤浓出锅，倒进一只大圆汤盘内，鸡肚朝上，背脊朝下，用白果围在四周，即可上桌食用。

五、广州卤鸡

1. 原料配方（以 100 只白条鸡计）

清水 50 kg，生抽 2.2 kg，白糖 1.1 kg，食盐 1.05 kg，桂皮 0.25 kg，陈皮 0.3 kg，八角 0.25 kg，甘草 0.3 kg，草果 0.25 kg，丁香 0.025 kg，花椒 0.25 kg。

将上述辅料放纱布包内，放清水锅内煮 1 h 即为卤水。

2. 操作要点

（1）选料　选择健康无病的活鸡为主料，以当年仔鸡为佳。

（2）宰剖　将活鸡宰杀，放净血，入热水内浸烫，煺净毛，开膛取出内脏，冲洗干净后，将鸡小腿插入鸡腹内。

（3）卤制　将卤水烧制微沸，把白条鸡放入卤水内浸烫，每隔 10 min 倒出鸡腹内卤水，直至鸡熟为止即为成品。

六、上海油鸡

1. 原料配方

鸡坯 10 只，食盐 160 g，葱 230 g，生姜 80 g，黄酒 330 g，香油少许。

2. 操作要点

（1）原料处理　选用当年肥嫩的新母鸡，经宰杀、煺毛、净膛，洗净后，将鸡脚骨节反折脱臼，用刀剪下。

（2）配料　把配方中的各辅料按规定称取配制成混合物备用。

（3）浸烫　一手提鸡头，一手提双腿骨节处，将鸡坯放进沸水锅中浸烫，至皮收缩后取出。

（4）煮制　将浸烫定型的鸡坯放入另一锅内，加水至淹没鸡体坯为度，放入配料，先用旺火烧沸，撇出浮沫，然后改用文火焖煮 20 min 左右，至腿肉松软时捞出，原汤再加些盐烧开，作老汤用。

（5）冷却、擦油　将煮熟的鸡捞出，置于事先备好的冷开水缸内，浸至鸡体冷透为止，捞出沥干水分，擦上香油即为成品。

七、广州油鸡

1. 原料配方

鸡1只（1 kg），食盐20 g，酱油500 g，冰糖180 g，黄酒50 g，桂皮6 g，八角3 g。

2. 操作要点

（1）原料预处理　将活鸡宰杀放血后，放进60℃的热水中均匀烫毛。约烫半分钟左右，用手试拔，如果轻轻将毛拔下，说明已烫好，赶快捞出，投入凉水中趁温迅速拔毛。将拔净毛的光鸡放在案板上，用刀先在鸡右翅前面的颈侧割一小口，取出嗉囊，再在腹部靠近肛门处横割一口，除掉肛门，动作要轻，下刀要浅，防止割破肠子。从刀口处伸进手指，慢慢掏出内脏，然后将鸡放进清水里冲洗，着重洗嗉囊、肛门、腹腔、胸腔等处。

（2）煮制　将净膛鸡放案上，从小腿骨节处（膝盖骨）剁掉双脚，放进烧开的汤锅里，同时加入食盐、酱油、冰糖、黄酒、桂皮、八角等佐料，从再次开锅时计算时间，煮30分钟，捞出来即为成品。

八、符离集烧鸡

1. 原料配方（以100 kg光鸡计）

食盐4.5 kg，肉豆蔻0.05 kg，八角0.3 kg，白糖1 kg，白芷0.08 kg，山奈0.07 kg，良姜0.07 kg，花椒0.01 kg，陈皮0.02 kg，小茴香0.05 kg，桂皮0.02 kg，丁香0.02 kg，砂仁0.02 kg，辛夷0.02 kg，硝酸钠0.02 kg，姜0.8～1 kg，草果0.05 kg，葱0.8～1 kg。

上述香料用纱布袋装好并扎好口备用。此外，配方中各香辛料应随季节变化及老汤多少加以适当调整，一般夏季比冬季减少30%。

2. 操作要点

（1）原料选择　宜选择当年新（仔）鸡，每只活重1～1.5 kg，并且健康无病。

（2）宰杀　宰杀前禁食12～24 h，其间供应饮水。颈下切断三管，刀口要小。宰后2～3 min即可转入下道工序。

（3）浸烫和煺毛　在60～63℃水中浸烫2 min左右进行煺毛，煺毛顺序从两侧大腿开始→右侧背→腹部→右翅→左侧背→左翅→头颈部。在清水中洗净，搓掉表皮，使鸡胴体洁白。

（4）开膛和造型　将清水泡后的白条鸡取出，使鸡体倒置，将鸡腹肚皮绷紧，用刀贴着龙骨向下切开小口，以能插进两手指为宜。用手指将全部内脏取出后，清水洗净。

用刀背将大腿骨打断（不能破皮），然后将两腿交叉，使跗关节套叠插入腹内，把右翅从颈部刀口穿入，从嘴里拔出向右扭，鸡头压在右翅两侧，右小翅压在大翅上，左翅也向里扭，用与右翅一样方法，并呈一直线，使鸡体呈十字形，形成"口衔羽翎，卧含双翅"的造型。造型后，用清水反复清洗，然后穿杆将水控净。

（5）上色和油炸　沥干的鸡体，用饴糖水均匀涂抹全身，饴糖与水的比例通常为1∶2，稍许沥干。然后将鸡放至加热到150～200℃的植物油中，翻炸1 min左右，使鸡呈红色或黄中带红色时取出。油炸时间和温度至关重要，温度达不到时，鸡体上色不好。油炸时必须严禁弄破鸡皮。

（6）煮制　将各种配料连袋装于锅底，然后将鸡坯整齐地码好，将体格大或较老的鸡放在下面，体格小或较嫩的鸡放在上面。倒入老汤，并加适量清水，使液面高出鸡体，上面用竹算和石头压盖，以防加热时鸡体浮出液面。先用旺火将汤烧开，煮时放盐，后放硝酸钠，以使鸡色鲜艳。然后用文火徐徐焖煮至熟。当年仔鸡约煮1～1.5 h，隔年以上老鸡约煮5～6 h。若批量生产，鸡的老嫩要一致，以便于掌握火候，煮时火候对烧鸡的香味、鲜味都有影响。出锅捞鸡要小心，一定要确保造型完好，不散、不破，注意卫生。煮鸡的卤汁可妥善保存，以后再用，老卤越用越香。香料袋在鸡煮后捞出，可使用2～3次。

九、关德功烧鸡

1. 原料配方

鸡10只，鲜藕50 g，白糖40 g，八角40 g，丁香3 g，陈皮5 g，酱油25 g，肉桂15 g，白芷10 g，良姜20 g，荜拨5 g，花椒5 g，小茴香3 g，硝酸钠适量。

2. 操作要点

（1）原料预处理　将经过挑选的鸡宰杀、煺毛、去内脏后备用。

（2）卤制　按比例下作料，把鸡一层层摆好，加入老汤，上用算子压好，大火烧沸后，下硝酸钠，改用小火慢煮。成鸡需煮五六个小时，仔鸡两三个小时。

（3）成品　产品出锅后晾一会儿，趁热抹上一层香油，用食品袋包装，即可上市。

十、老鸡铺卤鸡

1. 原料配方

光鸡10 kg，食盐300 g，陈年老酱200 g，大葱100 g，姜30 g，大蒜30 g，

桂皮 20 g，八角 15 g，白芷 15 g，五香粉 10 g，小茴香 10 g，花椒 10 g，水适量。

2. 操作要点

（1）原料　选择鸡体丰满、个大膘肥的健康活鸡。

（2）宰杀　活鸡宰杀后，立即入 65～70℃ 的热水中浸烫、煺毛，不易剔净的绒毛，则用镊子夹取拔净。

（3）整理　在去毛洗净的鸡腹部用刀开一小口，取出内脏，洗净控干。如果是成年老鸡，需在凉水内浸泡 2 h，把积血排净。然后用木棍将鸡脯拍平，将一翅膀插进口腔，另一翅膀向后扭住，使头颈弯回，两腿摘胯，鸡爪塞入膛内，使鸡体呈琵琶形，丰满美观。

（4）卤煮　先将老汤烧沸，兑入适量清水，然后按鸡龄大小，分层下锅排好，要求老鸡在下，仔鸡在上。最下面贴锅底那层鸡，鸡的胸脯朝上放，而最上面一层鸡，则要求鸡胸脯朝下放，以免煮熟脱肉。生鸡下锅，再按比例加放调料，先用旺火将锅内物烧沸，等汤沸后再加酱，并且撇去浮沫，再把鸡压入卤液里面，先用旺火煮，再改小火慢慢焖煮，煮至软烂而不散即可。如是当年新鸡，可不再用小火焖煮。煮鸡的时间依鸡的大小、鸡龄而定。仔鸡约煮 1 h，10 月龄以上者煮 1.5 h，隔年鸡煮 2 h 以上。一般多 1 年鸡龄增加 1 h，对多年老鸡需先用白汤煮，半熟后再放入调料兑老汤卤煮。卤煮鸡的汤可以连续使用，但要及时清锅，每次煮鸡后用布袋过滤，把残渣去掉，下次煮鸡时再添水料。在炎热夏季，隔天不用的老汤，要加热煮沸，防止发酵。

（5）整形　用专用工具捞出后趁热整理，把鸡的胸部轻轻朝下压平，使成品显得丰满美观。

十一、山东德州扒鸡

1. 方法一

（1）原料配方（以 100 只鸡计）

食盐 3500 g，酱油 4000 g，葱 500 g，花椒 100 g，砂仁 100 g，小茴香 100 g，八角 100 g，桂皮 125 g，肉豆蔻 50 g，丁香 25 g，白芷 120 g，草果 50 g，山奈 75 g，生姜 250 g，陈皮 50 g，草豆蔻 50 g。

（2）操作要点

① 原料选择　以中秋节后的当年新鸡为最好，每只活重 1～1.5 kg，并且健康无病。

② 宰杀和造型　颈部三管切断法宰杀放血，放血干净后，于 60℃ 左右水中浸烫褪毛，腹下开膛，除净内脏，以清水洗净后，将两腿交叉盘至肛门内，将双

翅向前经由颈部刀口处伸进，在喙内交叉盘出，形成"口含羽翎，卧含双翅"的状态。然后晾干，即可上色和油炸。

③ 上色和油炸　把做好造型的鸡用毛刷涂抹饴糖水于鸡体上，晾干后，再放至150℃油内炸1～2 min，当鸡坯呈金黄透红为止。防止炸的时间过长，变成黄褐色，影响产品质量。

④ 煮制　将配制的香辛料用纱布袋装好并扎好口，放入锅内，将炸好的鸡沥干油，按顺序放入锅内排好，将老汤和新汤（清水30 kg，放入去掉内脏的老母鸡6只，煮10 h后，捞出鸡骨架，将汤过滤便成）对半放入锅内，汤加至淹没鸡身为止，上面用铁箅子或石块压住，以防止汤沸时鸡身翻滚。先用旺火煮沸1～2 h（一般新鸡1 h，老鸡约2 h），改用微火焖煮，新鸡6～8 h，老鸡8～10 h即熟，煮时姜切片、葱切段塞入鸡腹腔内，焖煮之后，加水把汤煮沸，揭开锅将铁箅子或石头去除，利用汤的沸腾和浮力左手用钩子钩着鸡头，右手用漏勺端鸡尾，把扒鸡轻轻提出。捞鸡时一定要动作轻捷而稳妥，以保持鸡体完整。然后，用细毛刷清理鸡身上的料渣，晾一会即为成品。

烹制时油炸不要过老。加调味料入锅焖烧时，旺火烧沸后，即用微火焖酥，这样可使鸡更加入味，忌用旺火急煮。

2. 方法二

（1）原料配方（以100只鸡重约100 kg计）

白糖1.5 kg，食盐1.5 kg，黄酒1.5 kg，酱油1 kg，香油1 kg，丁香150 g，花椒50 g，八角50 g，桂皮50 g，小茴香500 g，肉豆蔻500 g，砂仁500 g，葱250 g，姜250 g。

（2）操作要点

① 选料及处理　选用当年新鸡，在颈部宰杀，放血，经过浸烫脱毛，腹下开膛，除净内脏，清水洗净后，将两腿交叉盘至肛门内，将双翅向前由颈部刀口处伸进．在喙内交叉盘出，形成卧体含双翅的状态。

② 油炸　把做好型的鸡，用毛刷涂抹以白糖炒成的糖色，再放到油温为180℃的锅中炸1～2 min，以鸡全身为金黄透红为宜，要防止炸的时间过长，以免变成黄黑色而影响产品质量。

（3）煮制　将配料装入纱布做的小口袋内放入锅内，将炸好的鸡按顺序摆放在锅中，然后加汤水，上面用铁箅子压住，先用大火煮沸1～2 h，然后改为文火煮3～5 h，小心取出，以防碰破鸡身。

3. 方法三

（1）原料配方（以100只鸡重约100 kg计算）

食盐3.5 kg，酱油4 kg，八角100 g，桂皮125 g，肉豆蔻50 g，草豆蔻

50 g，丁香 25 g，白芷 125 g，山柰 75 g，草果 50 g，陈皮 50 g，小茴香 100 g，砂仁 10 g，花椒 100 g，生姜 250 g，口蘑 600 g。

（2）操作要点

① 宰杀、煺毛　选用 1 kg 左右的当地小公鸡或未下蛋的母鸡，颈部宰杀放血，用 70～80℃热水冲烫后去净羽毛。剥去脚爪上的老皮，在鸡腹下近肛门处横开 3.3 cm 的刀口，取出内脏、食管，割去肛门，用清水冲洗干净。

② 造型　将光鸡放在冷水中浸泡，捞出后在工作台上整形，鸡的左翅自脖子下刀口插入，使翅尖由嘴内侧伸出，别在鸡背上，鸡的右翅也别在鸡背上。再把两大腿骨用刀背轻轻砸断并起交叉，将两爪塞入鸡腹内。造型后晾干水分。

③ 上糖色　将白糖炒成糖色，加水调好（或用蜂蜜加水调制），在造好型的鸡体上涂抹均匀。

④ 油炸　锅内放花生油，在中火上烧至八成热时，上色后鸡体放在热油锅中，油炸 1～2 min，炸至鸡体呈金黄色、微光发亮即可。

⑤ 煮制　炸好的鸡体捞出，沥油，放在煮锅内层层摆好，锅内放清水（以没过鸡为度），加药料包（用洁布包扎好）、拍松的生姜、食盐、口蘑、酱油，用算子将鸡压住，防止鸡体在汤内浮动。先用旺火煮沸，小鸡 1 h，老鸡 1.5～2 h 后，改用微火焖煮，保持锅内温度 90～92℃微沸状态。煮鸡时间要根据不同季节和鸡的老嫩而定，一般小鸡焖煮 6～8 h，老鸡焖煮 8～10 h，即为熟好。煮鸡的原汤可留作下次煮鸡时继续使用，鸡肉香味更加醇厚。

⑥ 出锅　出锅时，先加热煮沸，取下石块和铁算子，一手持铁钩勾住鸡脖处，另一手拿笊篱，借助汤汁的浮力顺势将鸡捞出，力求保持鸡体完整。再用细毛刷清理鸡体，晾一会儿，即为成品。

十二、沟帮子熏鸡

1. 原料配方（以 200 只鸡计）

食盐 10 kg，香油 1 kg，白糖 2 kg，砂仁 50 g，鲜姜 250 g，肉豆蔻 50 g，花椒 150 g，丁香 150 g，白豆蔻 50 g，肉桂 150 g，山柰 50 g，八角 150 g，香辣粉 50 g，草果 100 g，胡椒粉 50 g，桂皮 150 g，五香粉 50 g，白芷 150 g，陈皮 150 g，味精 200 g。

注：老汤适量。如无老汤，除了食盐外各种调料用量加倍。

2. 操作要点

（1）选料、宰杀、整形　选用当年健康公鸡，用三管切断法宰杀放血，热水浸烫煺毛，并用酒精灯烧去小毛；腹下开膛取出内脏，用清水浸泡 1～2 h，待鸡体发白后取出，用棍打鸡腿，用剪刀将膛内胸骨两侧软骨剪断；然后把鸡腿盘入腹腔，把头压在左翅下。

（2）烧煮　把鸡按顺序摆好放入锅内。用另一锅把老汤烧开，放入配料浸泡1 h；然后过滤，将滤液倒入放鸡的锅中，汤水以浸没鸡体为度。用火烧煮。火力要适当，火小肉不酥，火大皮易裂，鸡体易走形。一般嫩鸡 1 h 可煮好，老鸡需煮 2 h 左右。半熟时加盐，用盐量应根据季节和当地消费者的口味定，煮至肉烂而连丝时搭匀出锅。

（3）熏制　出锅后趁热熏制。将煮好的鸡体先刷一层香油，并趁热涂以白糖液，再放入带有网帘的锅内，待锅烧至微红时，投入白糖，将锅盖严 2 min 后，将鸡翻动再盖严，等 2～3 min 后，鸡皮呈红黄色即成熏鸡。

十三、河北大城家常卤鸡

1. 原料配方（以 100 只鸡计）

食盐 4 kg，花椒 0.1 kg，酱油 3 kg，香油适量，八角 0.1 kg，白糖 2 kg，鲜姜 1 kg，桂皮 0.1 kg。

2. 操作要点

（1）宰杀煺毛　左手紧握活鸡双翅，小拇指钩住鸡的右腿。拇指和食指捏住鸡的双眼，以便宰杀，放净血后，投入 60℃ 左右热水中烫毛，用木棍不停翻动。约烫半分钟，将鸡捞出，放进冷水里，趁温迅速拔毛（应顺着羽毛生长的方向拔，不可逆拔，以免拔破皮肉）。将除净毛的鸡放在案板上，用刀在鸡的右侧颈根处割一小口，取出嗉囊，在鸡腹部靠近肛门处横割一小口（除掉肛门），伸进两指掏出内脏，避免抠碎鸡肝及苦胆。将掏净内脏的鸡，放进清水中刷洗干净，重点清洗腹内、嗉囊、肛门等处。

（2）整形　将洗干净的鸡只放在案板上，横向剪去鸡胸骨的尖端，然后，从剪断处将剪刀插进鸡胸腔内，剪断鸡的胸骨，用力一压，将鸡胸脯压扁平。把鸡的右翅，从脖子刀口处插入，经过口腔，从嘴里穿出来，双翅都别在背后，用刀背砸断鸡的大腿，将鸡爪塞进腹腔里，两腿骨节交叉。腹内的鸡爪把胸脯撑起，使鸡体肥大，肌肉丰满，形态美观。

（3）煮制　将整好型的鸡放进烧开的卤汤里，同时加入食盐、酱油、白糖、鲜姜、花椒、八角、桂皮等佐料。从锅再次沸腾时计算时间，煮 3 h 捞出来（用手按鸡大腿肉，感觉松软则透熟，坚硬则再煮一会儿）。将煮熟的鸡捞出，用小毛刷蘸香油抹匀鸡身，涂过油后即为成品。

第五节　鸭肉卤制品加工

一、卤鸭

1. 原料配方

白条鸭 1 只，植物油 3 汤匙，生姜 10 g，八角 10 g，花椒 5 g，桂皮 5 g，小茴香 5 g，玫瑰露油 75 g，酱油 75 g，冰糖 100 g，盐 20 g。

2. 操作要点

（1）原料与处理　选择生长 1～2 年，每只重 1.5 kg 以上，肌肉丰满的健康鸭子作为原料。按平常宰杀的方法进行宰杀放血，用热水浸烫，煺去大小毛，在腹部切 3～4 cm 的小口，摘除内脏，切掉翅膀尖和爪（留作他用），然后用清水浸泡、洗净，沥干水分。

（2）氽煮　将洗净沥干水分的白条鸭放入沸水里稍微一煮，取出后吊挂在通风处吹干。

（3）卤煮　锅中放入植物油、生姜烧热，将鸭全身煎匀。再用大瓦锅放上卤味料，用中火慢煮 30 min，收慢火即放进鸭子浸煮 1 h，等鸭子熟后取出。

二、香酥鸭

1. 原料配方

（1）腌制料（以 10 kg 全净腔白鸭计）

① 香辛料　八角 10 g，花椒 10 g，肉果 10 g，砂仁 10 g，荜拨 6 g，陈皮 6 g，九里香 5 g，白芷 5 g。

② 辅料　食用盐 400 g，白砂糖 200 g，味精 50 g，亚硝酸钠 1.5 g。

（2）煮制料　白砂糖 400 g，食用盐 300 g，味精 50 g，生姜 50 g，香葱 50 g，白酒 50 g，鸭肉浸膏 50 g，乙基麦芽酚 10 g。

（3）上色料　饴糖 500 g，大红浙醋 250 g。

2. 操作要点

（1）原料预处理　选用优质冻樱桃谷白鸭为原料，去除外包装，入池加满自来水，用流动自来水进行解冻。依池容量大小确定解冻时间，夏季解冻时间为 1.5 h，春、秋季解冻时间为 3 h，冬季解冻时间为 5 h。解冻后沥干水分，放在不锈钢工作台上用刀逐只进行整理清洗，去除多余的脂肪和食管、气管、肺、肾、血污等杂质。

（2）配料腌制　用天平和电子秤配制香辛料和调味料（香辛料用文火煮30～60 min），6 kg清水中加入上述香辛料水和辅料混合均匀，放入鸭腌制24 h，中途每6 h翻动一次，使料液浸透鸭体。

（3）上色油炸　上色料加清水750 g后搅拌均匀，把沥干水分的鸭在料液中浸一下，挂起风干1～2 h，油锅（油水分离油炸机）温度上升到170℃时，鸭在里面微炸1～2 min，外表色泽呈均匀一致的红褐色时起锅沥油。

（4）煮制　按规定配方比例配制香辛料（重复使用2次，第一次腌制，第二次煮制）和辅料，添加12 kg清水，调整为2～3波美度，待水温100℃时放入原料，保持温度在90～95℃，时间20 min，即可捞出沥卤。

（5）冷却称重　卤煮的产品摊放在不锈钢工作台上冷却（夏季用空调），修剪掉明显的骨刺，按不同规格要求准确称重。

（6）真空包装　袋口用专用消毒的毛巾擦干（防止袋口有油渍）后封口，结束后逐袋检查封口是否完好，轻拿轻放摆放在杀菌专用周转筐中。

（7）高温杀菌　杀菌公式：10min—20min—10min（升温—恒温—降温）/121℃，反压冷却。

（8）冷却　杀菌后应迅速转入流动自来水池中，强制冷却1 h左右，上架、平摊、沥干水分。按规格要求定量装箱，外箱注明品名、生产日期，进入成品库。

三、枣香鸭

1. 原料配方

（1）腌制料（以10 kg全净膛白鸭计）

① 香辛料　八角5 g，陈皮5 g，白芷5 g，香叶5 g，良姜5 g，白豆蔻5 g。

② 辅料　食用盐400 g，白砂糖300 g，味精50 g，白酒50 g，D-异抗坏血酸钠10 g，亚硝酸钠1.5 g。

（2）煮制料　食用盐300 g，白砂糖300 g，酱油200 g，红枣200 g，味精100 g，白酒50 g，生姜50 g，香葱50 g，乙基麦芽酚10 g，山梨酸钾0.75 g。

2. 操作要点

（1）原料预处理　选用优质瘦肉型冻樱桃谷白鸭为原料，去除外包装，用流动自来水进行解冻。依池容量大小确定解冻时间，夏季解冻时间为1～2 h，春秋季解冻时间为3～4 h，冬季解冻时间为7 h。

（2）清洗沥干　解冻后沥干水分，放在不锈钢工作台上用刀逐只进行整理、清洗，去除多余的脂肪和食管、气管、肺、肾、血伤等杂质。

（3）配料腌制　按原料配方进行称量配制香料和调味料，香辛料用文火煮30～60 min，6 kg清水中加入上述香辛料水和辅料混合均匀，放入鸭腌制24 h，中途每 6 h 翻动一次，使料液浸透鸭体。

（4）煮制　按规定配方比例配制香辛料和辅料，重复使用 2 次，第一次腌制，第二次煮制，添加 12 kg 清水，调整为 2～3 波美度，待水温 100℃时放进原料，在 90～95℃保持温度 20 min，然后捞出沥卤，然后把老汤重新烧开，冷却后用双层纱布过滤，用专用容器盛装并盖上桶盖，留待下次使用。

（5）称重、包装　卤煮的产品摊放在不锈钢工作台上冷却（夏季用空调），修剪掉明显的骨刺，按不同规格要求准确称重（正负误差在 3～5 g）。抽真空前先预热机器，调整好封口温度、真空度和封口时间，袋口用专用消毒的毛巾擦干（防止袋口有油渍）后封口，结束后逐袋检查封口是否完好，轻拿轻放摆放在杀菌专用周转筐中。

（6）高温杀菌　杀菌公式：10 min—20 min—10 min（升温—恒温—降温）/121℃，反压冷却。

（7）冷却　出锅后应迅速转入流动自来水池中，强制冷却 1 小时左右，上架、平摊、沥干水分。按规格要求定量装箱，外箱注明品名、生产日期，入成品库。

四、樟茶鸭

1. 原料配方

（1）腌制料（以 10 kg 全净膛白鸭计）

① 香辛料　八角 15 g，花椒 15 g，肉豆蔻 10 g，香叶 5 g，砂仁 5 g，白芷 5 g，九里香 3 g，辛夷 3 g。

② 辅料　食盐 400 g，白砂糖 200 g，D-异抗坏血酸钠 10 g，亚硝酸钠 1.5 g。

（2）煮制料　食盐 300 g，白砂糖 200 g，味精 80 g，白酒 50 g，香葱 50 g，生姜 50 g，乙基麦芽酚 10 g，山梨酸钾 0.75 g。

（3）熏制料　樟木屑 500 g，红茶叶 200 g，干水果皮 100 g。

2. 操作要点

（1）原辅料预处理　将－18℃贮存的冻鸭去除外包装，放进池中，加满自来水，用流动自来水进行解冻，夏季解冻时间为 1.5 h，春秋季解冻时间为 3.5 h，冬季解冻时间为 7 h。解冻后沥干水分，放在不锈钢工作台上用刀逐只进行整理清洗，去除明显脂肪和食管、气管、肺、肾、血污等杂质。

（2）配料腌制　按配方配制香辛料和调味料（香辛料用文火煮制 30～60 min），用 10 波美度盐水腌制 2 h。

（3）煮制　按规定配方比例配制香辛料（重复使用两次，第一次腌制，第二次煮制）和辅料，添加 12 kg 清水，调整为 2～3 波美度，待水温 100℃时放入原料，保持温度为 90～95℃，时间 20 min，即可捞出沥卤，然后把老汤重新烧开，冷却后用双层纱布过滤，用专用容器盛装并盖上桶盖，留待下次使用。

（4）熏制　在不锈钢烟熏箱里放入半成品鸭，下面物料盘内铺上樟木屑、红茶叶、干水果皮等熏料。点燃，开大火，使熏料燃烧冒烟，熏约 15 min，见鸭皮呈淡黄色、均匀一致时，即可出料。

（5）冷却称重　卤煮的产品摊放在不锈钢工作台上冷却（夏季用空调），修剪掉明显的骨刺，按不同规格要求准确称重。

（6）真空包装　先预热机器，调整好封口温度、真空度和封口时间，袋口用专用消毒的毛巾擦干（防止袋口有油渍）后封口，结束后逐袋检查封口是否完好，轻拿轻放摆放在杀菌专用周转筐中。

（7）杀菌、成品　杀菌操作按压力容器操作要求和工艺规范进行，升温时必须保持有 3 min 以上的排气时间，排净冷空气。采用高温杀菌，杀菌公式：10 min—20 min—10 min（升温—恒温—降温）/121℃，反压冷却。冷却排净锅内水，剔除破包，出锅后应迅速转入流动自来水池中，强制冷却 1 h 左右，上架、平摊、沥干水分后即为成品。成品入库按规格要求定量装箱，外箱注明品名、生产日期，方可进入成品库。

五、广州卤鸭

1. 原料配方（以 100 只鸭计）

酱油 4 kg，食盐 2 kg，白糖 2 kg，八角 0.5 kg，草果 0.5 kg，陈皮 0.5 kg，甘草 0.5 kg，花椒 0.5 kg，桂皮 0.5 kg，丁香 0.1 kg。

2. 操作要点

（1）宰杀煺毛　把活鸭宰杀放血后，放进 64℃左右的热水里均匀烫毛。烫半分钟左右，用手试拔，如能轻轻拔下毛来，说明已经烫好，随即捞出，投入凉水里趁温迅速拔毛。

（2）去内脏　将白条鸭放在案板上，用刀在右翅底下剖开 1 个口，取出内脏和嗉囊，用清水洗刷，重点洗肛门、体腔、嗉囊等处。然后将鸭双腿弯曲上背部，悬挂晾干。

（3）煮制　将铁锅洗净烧热，注油，油沸时将整理好的净腔鸭放入，并用锅铲翻移鸭身，将鸭全身炸至黄色，然后放进烧开的汤锅里（以能浸过鸭身为标准），同时加入食盐、陈皮、甘草、花椒、八角、桂皮、草果、白糖、酱油、丁香，煮 10 min 捞出，倒尽腹内汤水，再放入汤锅里煮。反复数次，约 30 min 后各调料已出味，直至鸭大腿肉变得松软时即熟。

六、杭州卤鸭

1. 原料配方

肥鸭 1 只（1200～2000 g），酱油 35 g，白糖 25 g，绍酒 50 g，桂皮 3 g，葱 15 g，姜 5 g。

2. 操作要点

（1）原料预处理　将鸭子宰杀后煺毛洗净，除去内脏，洗净血污，沥干水分。再将葱切段，姜拍松，桂皮掰成小块备用。

（2）卤制　将锅洗净，放入白糖 12.5 g、酱油、绍酒、桂皮、葱、姜，加入清水 750 g 烧沸。将鸭子放入锅内，在中火上煮沸后撇去浮油，卤煮至七成熟。再加白糖 12.5 g，同葱、姜、桂皮一起继续煮至原汁色泽红润稠浓，用手勺不断地把卤汁淋浇在鸭身上，然后将鸭起锅。

七、苏州卤鸭

1. 原料配方

母鸭 10 只（每只重 1500～2000 g），猪肥膘 4000 g，碎冰糖 800 g，红曲粉 800 g，姜块 100 g，水淀粉 130 g，芝麻油 130 g，绍酒 500 g，精盐 400 g，酱油 400 g，白糖 150 g，葱结 100 g，桂皮 150 g，八角 150 g。

2. 操作要点

（1）原料预处理　将清洗干净的嫩鸭斩去脚，猪肥膘刮洗净，同放入有竹箅垫底的锅内，加入清水后盖上锅盖，放置预旺火上烧开，撇去浮沫。然后加红曲粉、绍酒、酱油、精盐、冰糖、桂皮、八角、葱结、姜块，用盘子压住鸭身，盖上锅盖，用中火烧约 1 h，将鸭上下翻动，再用中火烧约 1 h，取出，鸭腹朝上，置大盘内晾凉。

（2）卤制　取已经过滤的卤汁 800 g 放入锅内，加入白糖，置旺火上烧至稠黏，用水淀粉勾芡，淋入芝麻油，盛入钵中晾凉即成。

八、红曲卤鸭

1. 原料配方

光仔鸭 10 只，红曲米 300 g，精盐 500 g，白糖 800 g，葱 200 g，生姜 200 g，绍酒 200 g，桂皮 100 g，八角 100 g，酱油 100 g，麻油 150 g。

2. 操作要点

（1）原料与处理　将鸭子开膛挖出内脏，用水洗净，捞出沥干水分。每只用少许精盐擦遍全身，腌约 1 h。或者不用盐擦，可直接放在盐水鸭卤中浸泡 1 h。

（2）去盐　在锅中放入清水、鸭子，烧开后用清水冲洗干净。

（3）卤制　将锅中放入清水适量，投入红曲米，置火上熬出红色，用筛将红曲米捞出。锅中再加入绍酒、酱油、精盐、白糖、葱、生姜（拍松）、八角、桂皮和鸭子，用盘子压住鸭子。大火烧开，改用小火焖 1 h，然后去掉压盘，捞出鸭子，沥尽卤。

（4）成品　鸭脯向上放在平盆里。把锅中葱、姜、八角、桂皮捞出。取一半卤汁，另一半留作下次用，然后大火烧热收汁，直至稠黏时再放下鸭子热烫滚汁后即为成品。

九、玫瑰卤鸭

玫瑰卤鸭是用玫瑰卤汁对鸭子进行卤制。玫瑰卤汁是红卤的一种。由于卤汁中加入了红曲米，其中的淀粉溶解于卤汁之中，再加入适量的糖分，故鸭子在稠浓的卤汁中制成后呈玫瑰色，因此而得名。

1. 原料配方

新鲜鸭 1 只（大约 1500 g），红曲米 100 g，盐 75 g，白糖 75 g，葱 25 g，姜 15 g，茴香 5 g，丁香 3 g，桂皮 5 g，黄酒 20 g，香油 5 g，原味老卤 1500 g。

2. 操作要点

（1）原料预处理　将鸭子宰杀，煺毛，开膛去尽内脏，斩去脚掌，清洗干净。锅内放适量清水烧开，投入鸭子焯水，撇去浮沫，去除异味。

（2）卤制　将锅内放适量清水，倒入原味老卤、黄酒、白糖、葱结、姜片，另将红曲米用纱布袋扎好进锅内，再加入各味香辛料，烧开后投入鸭子，开锅改用小火烧煮。鸭子快熟时加入适量盐。待鸭子上色入味后，再转用旺火收浓卤汁，使鸭子色泽更光亮，口味进一步提升，即可捞出沥净卤汁，抹上香油，冷却后改刀装盘食用。

十、腐乳卤鸭

1. 原料配方

肥鸭 1 只，鹌鹑蛋 40 个，灯笼椒 4 个，葱 4 根，姜数片，红腐乳 4 块，腐乳卤汁 90 g，冰糖块 60 g。

2. 操作要点

（1）原料与处理　将鸭和鹌鹑蛋洗净，灯笼椒去蒂、去籽切小块，红腐乳压碎和卤汁调匀，冰糖敲碎，葱切段。鹌鹑蛋煮熟，置冷水中，去壳备用。鸭油熬好，下葱段爆香，放入红腐乳，下冰糖炒匀后盛起。

（2）卤制　将鸭下锅加水、料酒、葱、姜煮至半酥时，下鹌鹑蛋、食盐、腐乳卤汁煮至鸭酥时盛起。将油煮沸，然后倒入椒块，加盐略炒，入卤后炒匀。盛盘垫底，将鸭斩小块，摆在上面，鹌鹑蛋围在四周，即为成品。

十一、冰糖卤鸭

1. 原料配方

光鸭 1 只（大约 1 kg），红曲米 25 g，精盐 10 g，冰糖 25 g，黄酒 50 g，葱 2 根，姜 3 片，桂皮 5 g，茴香 5 g。

2. 操作要点

（1）原料预处理　先拔净光鸭身上的绒毛，挖出全部内脏和食管，洗掉脏物，然后放入沸水锅中氽水，鸭皮收缩后取出，再用清水洗去血污，在鸭内腔用盐擦匀。

（2）卤制　将铁锅放在炉灶上，加入清水 1.5 kg，将红米、整葱、姜片、茴香、桂皮用纱布包扎好投入锅中烧，汁水呈红色时取出纱布包，而后把鸭子放进锅内，加入冰糖、精盐、黄酒用文火烧 2 h 左右。待鸭子酥后锅内留汤汁 200 g，用旺火收汁，一边不断地用勺子舀汁浇在鸭子上，一边不断地将锅移动，汤汁剩 100 g 时将鸭子取出盛在盘内自然冷却，最后斩块装盘。

十二、美味卤鸭

1. 原料配方

白体填鸭 3 只（大约 2 kg/只），酱油 1 kg，料酒 500 g，白糖 750 g，味精 5 g，八角 50 g，甘草 50 g，橘皮 50 g，草果 50 g，姜块（拍松）50 g，山柰 25 g，花椒 25 g，葱段 100 g。

2. 操作要点

（1）原料与处理　将填鸭清洗干净，从肋下开口取出内脏，洗净。然后将锅置于火上，加入料酒 150 g，放入鸭子和葱段、姜块，将开锅时，撇去浮沫，烧至断生，出净血水，捞出备用。

（2）制卤　将锅置火上，加入开水 5 kg、料酒 350 g、酱油、白糖、味精，用纱布做成小口袋，包扎八角、甘草、橘皮、草果、山柰和花椒，放入锅中配制成红卤。

（3）卤制　将红卤烧开后，放入鸭子，卤煮好为止。

十三、金陵盐水鸭

1. 原料配方

肥鸭 2 只（大约 4 kg），食盐 450 g，香醋 10 g，葱结 50 g，姜块 50 g，八角 20 粒，五香粉 10 g，花椒 10 g。

2. 操作要点

（1）原料预处理　将鸭宰杀后，煺净毛，剁去小翅和脚爪，在右翅窝下开约7 cm 的小口，从口里拉出气管、食管，取出内脏，放入清水中浸泡，洗净血水，沥干。

（2）配料　炒锅置中火上烧热，放进食盐 200 g，花椒、五香粉炒热后倒入碗中，将 100 g 热盐从翅窝下刀口处塞入鸭腹，晃匀。用 50 g 热盐擦遍鸭身，再用 50 g 热盐从鸭颈的刀口处和鸭嘴塞入。然后，将鸭放入缸中腌制，夏季 1 h，春秋季 3 h，冬季 4 h，然后再放入清卤缸内浸渍 4 h 左右，夏季 2 h。其清卤的制备：清水 4 kg，食盐 250 g，葱姜各 30 g，八角 10 粒，微火烧热，使盐溶化，捞出葱、姜、八角，倒入腌鸭的血卤，烧至 70℃，用纱布过滤干净，冷却即成。

（3）卤制　将炒锅加清水 2 kg，用旺火烧沸，放入姜块、葱结各 20 g，八角10 粒和香醋，将鸭腿朝上，头朝下放下锅中，盖上锅盖，焖烧 20 min 后，转用中火，待锅周边起水泡时揭开锅盖，提起鸭腿，将鸭腹中的汤汁沥进锅内，接着再把鸭子放进汤中，使腹中灌满汤汁，如此反复 3～4 次后，再将鸭子放入锅中，盖上盖，用微火焖煮 20 min，取出沥去汤汁，冷却后切成小块，在盘内摆成整鸭形，即可上桌食用。

十四、南京盐水鸭

1. 方法一

（1）原料配方　肥鸭 1 只（重约 2000 g），精盐 230 g，姜 50 g，葱 50 g，八角适量。

（2）操作要点

① 原料选择与整理　选用当年健康肥鸭，宰杀拔毛后切去翅膀和脚爪，然后在右翅下开膛，取出全部内脏，用清水冲净体内外，再放入冷水中浸泡 1 h 左右，挂起晾干待用。

② 腌制　先干腌，即用食盐和八角粉炒制的盐，涂擦鸭体内腔和体表，用盐量每只鸭 100～150 g，擦后堆码腌制 2～4 h，冬春季节长些，夏秋季节短些。然后抠卤，鸭子经腌制后，肌肉中的一部分水和余血渗出，留存在腹腔内，这时用右手提起鸭的右翅，用左手食指或中指插入鸭的肛门内，使腹腔内的血卤排出，故称抠卤。再行复卤 2～4 h 即可出缸。复卤即用老卤腌制，老卤是加生姜、葱、八角熬煮加入过饱和盐水而制成。按每 50 L 水加食盐 35～37 kg 的比例放入锅中煮沸，冷却过滤后加入姜片 100 g、八角 50 g 和香葱 100～150 g 即为新卤。新卤经 1 年以上的循环使用即称为老卤。复卤即用老卤腌制，复卤时间一般为2～3 h。复卤后的鸭坯经整理后用沸水浇淋鸭体表，使鸭子肌肉和外皮绷紧，外

形饱满。

③ 烘干　腌后的鸭体沥干盐卤，把鸭逐只挂于架子上，推至烘房内，以除去水汽，其温度为 40～50℃，时间 20～30 min，烘干后，鸭体表色未变时即可取出散热。注意烘炉要通风，温度绝不宜高，否则会影响盐水鸭品质。

④ 煮制　煮制前用 6 cm 长中指粗的中空竹管或芦柴管插入鸭的肛门，再从开口处插入腹腔料，姜 2～3 片，八角 2 粒，葱 1～2 根，然后用开水浇淋鸭的体表，使肌肉和外皮绷紧，外形饱满。然后水中加三料（葱、生姜、八角）煮沸，停止加热，将鸭放入锅中，开水很快进入体腔内，提鸭头放出腔内热水，再将鸭坯放入锅中，压上竹盖使鸭全浸在液面以下，焖煮 20 min 左右，此时锅中水温在 85℃左右，然后加热升温到锅边出现小泡，这时锅内水温 90～95℃时，提鸭倒汤再入锅焖煮 20 min 左右，第二次加热升温，水温 90～95℃时，再次提鸭倒汤，然后焖 5～10 min，即可起锅。在焖煮过程中水不能开，始终维持在 85～95℃。否则水开肉中脂肪熔解导致肉质变老，失去鲜嫩特色。

2. 方法二

（1）原料配方　肥鸭 35 只，100 kg 水，食盐 25～30 kg，葱 750 g，生姜 500 g，八角 150 g。

（2）操作要点

① 原料鸭的选择　盐水鸭的制作以秋季制作的最为有名。因为，经过稻场催肥的当年仔鸭，长得膘肥肉壮，用这种仔鸭做成的盐水鸭，皮肤洁白，肌肉娇嫩，口味鲜美。

② 宰杀　选用当年生仔鸭，宰杀放血拔毛后，切去两节翅膀和脚爪，在右翅下开口取出内脏，用清水把鸭体洗净。

③ 整理　将宰杀后的鸭放入清水中浸泡 2 h 左右，以利浸出肉中残留的血液，使皮肤洁白，提高产品质量。浸泡时，注意鸭体腔内灌满水，并浸没在水面下，浸泡后将鸭取出，用手指插入肛门再拔出，以便排出体腔内水分，再把鸭挂起沥水约 1 h。取晾干的鸭放在案子上，用力向下压，将肋骨和三叉骨压脱位，将胸部压扁。这时鸭呈扁而长的形状，外观显得肥大而美观，并能在腌制时节省空间。

④ 干腌　干腌要用炒盐。将食盐与八角按 100∶6 的比例在锅中炒制，炒干并出现八角之香味时即成炒盐。炒盐要保存好，防止回潮。将炒制好的盐按 6%～6.5%盐量腌制，其中的 3/4 从右翅开口处放入腹腔，然后把鸭体反复翻转，使盐均匀布满整个腔体；1/4 用于鸭体表腌制，重点擦抹在大腿、胸部、颈部开口处，擦盐后叠入缸中，叠放时使鸭腹向上背向下，头向缸中心尾向周边，逐层盘叠。气温高低决定干腌的时间，一般为 2 h 左右。

⑤ 抠卤　干腌后的鸭子，鸭体中有血水渗出，此时提起鸭子，用手指插入鸭子的肛门，使血卤水排出。随后把鸭叠入另一缸中，待 2 h 后再一次扣卤，接着再进行复卤。

⑥ 复卤　复卤的盐卤有新卤和老卤之分。新卤就是用扣卤血水加清水和盐配制而成。每 100 kg 水加食盐 25～30 kg、葱 750 g、生姜 500 g、八角 150 g，入锅煮沸后，冷却至室温即成新卤。100 kg 盐卤可每次复卤约 35 只鸭，每复卤一次要补加适量食盐，使盐浓度始终保持饱和状态。盐卤用 5 次～6 次必须煮沸一次，撇除浮沫、杂物等，同时加盐或水调整浓度，加入香辛料。新卤使用过程中经煮沸 2 次～3 次即为老卤，老卤愈老愈好。

复卤时，用手将鸭右腋下切口撑开，使卤液灌满体腔，然后抓住双腿提起，关向下尾向上，使卤液灌入食管通道。再次把鸭浸入卤液中并使之灌满体腔，最后，上面用竹算压住，使鸭体浸没在液面以下，不得浮出水面。复卤 2～4 h 即可出缸起挂。

⑦ 烘坯　腌后的鸭体沥干盐卤，把逐只挂于架子上，推至烘房内，以除去水气，其温度为 40～50℃，时间约 20 min，烘干后，鸭体表色未变时即可取出散热。注意煤炉烘炉内要通风，温度决不宜高，否则将影响盐水鸭品质。

⑧ 上通　用直径 2 cm、长 10 cm 左右的中空竹管插入肛门，俗称"插通"或"上通"。再从开口处填入腹腔料，姜 2～3 片、八角 2 粒、葱一根，然后用开水浇淋鸭体表，使鸭子肌肉收缩，外皮绷紧，外形饱满。

⑨ 煮制　南京盐水鸭腌制期很短，几乎都是现做现卖，现买现吃。在煮制过程中，火候对盐水鸭的鲜嫩口味可以说相当重要，这是制作盐水鸭好坏的关键。一般制作，要经过两次"抽丝"。在清水中加入适量的姜、葱、八角，待烧开后停火，再将"上通"后的鸭子放入锅中，因为肛门有管子，右翅下有开口，开水很快注入鸭腔。这时，鸭腔内外的水温不平衡，应该马上提起左腿倒出汤水，再放入锅中。但这时鸭腔内的水温还是低于锅中水温，再加入总水量六分之一的冷水进锅中，使鸭体内外水温趋于平衡。然后盖好锅盖，再烧火加热，焖 15～20 min，等到水面出现一丝一丝皱纹，即沸未沸（约 90℃）、可以"抽丝"时住火。停火后，第二次提腿倒汤，加入少量冷水，再焖 10～15 min。然后再烧火加热，进行第二次"抽丝"，水温始终维持在 85℃左右。这时，才能打开锅盖看熟，如大腿和胸部两旁肌肉手感绵软，并膨胀起来，说明鸭子已经煮熟。煮熟后的盐水鸭，必须等到冷却后切食。这时，脂肪凝结，不易流失，香味扑鼻，鲜嫩异常。

⑩ 成品　煮熟后的鸭子冷却后切块，取煮鸭的汤水适量，加入少量的食盐和味精，调制成最适口味，浇于鸭肉上即可食用。

第六节　鹅肉卤制品加工

一、卤鹅火腿

1. 原料配方

（1）腌制配方　鹅腿 16 kg，食盐 1 kg，八角 3 g。

（2）卤制配方　水 50 kg，盐 25～35 kg，老姜 50 g，八角 25 g，葱 100 g。

2. 操作要点

（1）原料预处理　选用饲养期比较长、体大、腿肌肉发达的老鹅，宰杀分割取其两腿，去掉鹅蹼，初整成柳叶形，去掉腿上多余的脂肪，洗净血污。

（2）腌制　用盐量为净鹅腿重量的 1/16。按每 100 千克盐加入八角 300 g 的配比放入铁锅中，用火炒干，加工碾细。将盐擦遍鹅腿，然后排放缸内，腌 8～10 h。

（3）卤制　将腌好的鹅腿放入预先配好的老卤中，压上竹盖，使鹅腿全部浸入老卤中，卤制 8～10 h。卤有新卤和老卤之分，新卤是用去内脏后浸泡鹅体的血水，加盐配成。在 50 kg 血水中加盐 25～35 kg，放入锅中煮沸，使食盐溶解，并撇去血沫，澄清后倒入缸内冷却，即为新卤。每缸（50 kg）中加入拍扁的老姜 50 g、八角 25 g、葱 100 g，使盐卤产生香味。经过多次鹅腿的卤经煮沸后称老卤，老卤越老越好。

（4）晾干、整形　卤制好的鹅腿出缸后用自来水冲洗表面盐水，然后用塑料绳结扎退骨，吊挂在阴凉处风干，随着干缩每天整形一次，连整 2～3 次。整形主要是削平股关节，剪齐边皮，挤揉肉面，使鹅腿肉饱满，形似柳叶状的火腿形。经 3～4 天的风干，转入发酵室，吊挂在木架上时要注意保持一定距离，以方便通风。控制室内温度和湿度，经过 2～3 周的成熟发酵即可下架。

（5）包装　将成熟后的鹅腿用食品袋包装，即为成品。

二、风味鹅杂

1. 原料配方（以 100 只鹅计）

水 60 kg，白糖 1 kg，食盐 2 kg，酱油 0.5 kg，八角 0.1 kg，草果 0.05 kg，陈皮 0.1 kg，甘草 0.1 kg，花椒 0.01 kg，桂皮 0.2 kg，丁香 0.005 kg。

2. 操作要点

（1）原料处理　加工用的鹅杂原料主要有肫、肝、心、肠、爪等，将各种鹅杂进行解冻后逐一清洗处理。

① 将心、肝、爪于清水中浸泡，去除残血后清洗干净即可。

② 胘在解冻后用刀从中间剖开去除胘内的食物，剥去内层的硬皮，用盐或碱清洗干净。

③ 肠在解冻后加入适当的盐或碱清洗干净以去除异味，然后将洗净的肠缠绕打结。

（2）卤制　将配料中的各种香辛料用布袋包好，与其他配料一同放入锅中熬制成卤料，再将处理后的各种原料加入到锅中卤煮 30～40 min。

（3）调味、杀菌　根据各地区风味的特点进行调味。一般调味料为盐 1%、料酒 10%、酱油 12%、精炼油 4%、辣椒粉 1.5%、味精 0.15%。将调味料与卤煮好的鹅杂混合均匀，再将其按一定重量装入复合包装袋中，进行真空包装后，于高压杀菌釜中高压杀菌。杀菌条件为：$15'—30'—15'/121℃$，产品冷却后检验合格即为成品。

三、潮州卤鹅

1. 原料配方

潮州鹅 1 只（大约 3.5 kg），川椒 10 g，甘草 10 g，八角 15 g，丁香 5 g，草果 2 颗，桂皮 15 g，陈皮 5 g，红辣椒 10 g，蒜头 100 g，生姜 200 g，芫荽 10 g，酱油 70 g，味精 20 g，精盐 80 g，鹅油 100 g，玫瑰露酒 50 g，冰糖 150 g，水 7 kg。

2. 操作要点

（1）原料整理　鹅宰杀后去净毛，掏出内脏，用开水清洗干净。

（2）制卤　将装 15 kg 水的陶罐上火，按配方用纱布袋包起川椒、甘草、八角、丁香、草果、桂皮、陈皮、红辣椒、蒜头、生姜、芫荽，再加入酱油、味精、冰糖、精盐、鹅油、玫瑰露酒，用大火烧开后转中火烧 1～1.5 h。

（3）卤煮　将洗净的鹅放入陶罐中，用慢火卤煮 1 h 左右。卤煮时翻动一次，使整鹅在卤煮时受热均匀，色泽均匀。

（4）淋卤　鹅熟后捞出，按包装大小切块，上卤水即成。

四、卤水鹅片

1. 原料配方

广东狮头鹅一只（2.5 kg），南姜 50 g，蒜仁 75 g，山柰 75 g，花椒 10 g，八角 25 g，丁香 10 g，草果 25 g，甘草 25 g，桂皮 25 g，香菇 50 g，香葱 100 g，芫荽 50 g，生姜 100 g，玫瑰露酒 80 g，猪肥肉 250 g，鱼露 50 g，生抽王 50 g，片糖 50 g，老抽王 50 g，花生油 150 g，味精 25 g，盐适量，猪骨汤 500 g。

2. 操作要点

（1）选料　选用广东狮头鹅 2.5 kg，砍下脚和翅膀的中段，洗净。

（2）制卤　按配方制法卤水，将草果拍裂，生姜、猪肥肉切成大片；锅置火上倒花生油烧热，将猪肥肉片炸至出油，下香葱、蒜仁、生姜、芫荽炸香，加入南姜、山柰、花椒、八角、丁香、草果、甘草、桂皮、香菇炸香，出锅装入白纱布袋内，即为香料包；将骨汤放入不锈钢桶内烧开，加片糖、生抽王、老抽王、鱼露、味精、盐调匀，另入香料包，小火煮半小时，加入玫瑰露酒，即为卤水。待卤桶里的卤水烧滚后放入鹅，用中火煮 20 min，倒入玫瑰露酒，取出鹅，在其腿上、肩部用粗钢针插几下（这样可以把血水放掉）。

（3）卤煮　将鹅再放入卤桶中，待烧至 40 min 时，盖上卤桶盖，改用小火烧 20 min 后即可把鹅取出。

（4）成品　装盘时取鹅的胸脯段，用斜刀面 45 度切薄片。白醋、蒜蓉、红椒粒、糖拌匀，作为调料蘸食。

五、香卤鹅膀

1. 原料配方

鹅翅膀 750 g，丁香 5 g，大葱 15 g，酱油 20 g，盐 5 g，植物油 75 g，白砂糖 15 g，香油 5 g，花椒 3 g，料酒 20 g，老卤 1000 g。

2. 操作要点

（1）选料　鹅翅膀用盐、料酒、花椒腌制一段时间。

（2）焯水　腌后放入开水锅中，先焯水，捞出后放在清水盆中，拔去残余的毛，洗净。

（3）油炸　炒锅放生油，烧至六成热，下鹅翅膀逐只炸制，待表面收缩，呈金黄色时，近期出沥油。

（4）卤煮　炒锅留余油，葱段下锅略煸，放入酱油、白砂糖、适量清水和老卤、丁香，旺火烧开，小火继续烧煮。待鹅膀全部上色入味、卤汁稠浓时，淋香油，出锅冷却。

六、湖南卤狮头鹅

1. 原料配方

净狮头鹅 1 只，酱油 1000 g，肥猪肉 450 g，白糖 150 g，精盐 70 g，味精 25 g，香茅 30 g，桂皮 30 g，川干椒 30 g，八角 20 g，甘草 15 g，丁香 15 g，老姜 450 g。

2. 操作要点

（1）制卤汁 将川干椒以小火炒至辣香，加水 5 kg，将拍扁的姜块、切成的肥猪肉、酱油、白糖、八角、香茅等一齐熬煮，另放装有桂皮、八角、丁香、甘草等香料包一个，以中火熬煮成卤汁水。

（2）原料预处理 将净鹅以清水洗净后晾干，用精盐、味精抹鹅身，打底味。以竹签撑开鹅腹腔，放卤水锅中，用中火煮 20 min 后，捞出吊干再入锅煮 20 min，又吊起晾干。反复煮至熟软后，捞出晾凉，即为成品。

第七节 其他卤制品加工

一、洛阳卤驴肉

1. 原料配方（以 100 kg 驴肉计）

食盐 6 kg，花椒 0.2 kg，良姜 0.2 kg，白芷 0.1 kg，荜拨 0.1 kg，八角 0.1 kg，桂子 0.05 kg，硝酸钾 0.05 kg，丁香 0.05 kg，小茴香 0.1 kg，陈皮 0.1 kg，草果 0.1 kg，肉桂 0.1 kg，老汤适量。

2. 操作要点

（1）选料和处理 选择新鲜剔骨驴肉，将其切成 2 kg 左右的肉块，放入清水中浸泡 13～24 h（夏季时间要短些，冬季时间可长些）。浸泡过程中要翻搅，换水 3～6 次，以去血去腥，然后捞出晾至肉块表面无水即可。

（2）卤制 在老汤中加入清水烧沸，撇去浮沫，将肉坯下锅，煮沸再撇去浮沫，即可将辅料下锅，用大火煮 2 h 后，改用小火再煮 4 h，卤熟后，撇去锅内浮油，捞出肉块凉透即为成品。

二、河北晋县咸驴肉

1. 原料配方（以 100 kg 驴肉计）

食盐 15 kg，白芷 0.5 kg，山奈 0.4 kg，八角 0.4 kg，桂皮 1 kg，花椒 0.4 kg，大葱 2 kg，鲜姜 1 kg，茴香 0.2 kg，亚硝酸钾 0.015 kg。

2. 操作要点

（1）选料与处理 选用符合卫生要求的鲜嫩肥驴肉作为加工原料，用清水浸泡 1 h 左右，洗涤干净，捞出沥去水分，切成 200～300 g 的肉块。

（2）卤制 将驴肉块放入锅中，加清水淹没，撇去浮沫，加辅料包，用旺火烧开 40 min，加入亚硝酸钠，将其溶解到汤中，翻锅一次。用铁箅子压在肉上，用小火煮 30 min，停火，撇去浮油，再焖煮 6～8 h 至肉熟透出锅，即为成品。

三、河南周口五香驴肉

1. 原料配方（以 100 kg 驴肉计）

食盐 4～10 kg，白豆蔻 0.5 kg，花椒 0.3 kg，硝酸钾 0.05 kg，良姜 0.7 kg，甘草 0.2 kg，八角 0.5 kg，山楂 0.4 kg，丁香 0.2 kg，陈皮 0.5 kg，草果 0.2 kg，肉桂 0.3 kg，料酒 0.5 kg。

2. 操作要点

（1）腌制　将驴肉剔去骨、筋、膜，并分割成 1 kg 左右的肉块进行腌制。夏季采用快腌，即 100 kg 驴肉用食盐 10 kg、硝酸钾 0.05 kg、料酒 0.5 kg，将肉料揉搓均匀后，放在腌肉池或缸内，每隔 10 h 翻 1 次，腌制 3 天即成。春、秋、冬季主要采用慢腌，每 100 kg 驴肉用食盐 4 kg、硝酸钾 0.05 kg、料酒 0.5 kg，腌制 5～7 天，每天翻肉 1 次。

（2）焖煮　将腌制好的驴肉放在清水中浸泡 1 h，洗净，捞出放在案板上沥去水分。将驴肉、辅料放进老汤锅内，用大火煮沸 2 h 后改用小火焖煮 8～10 h，出锅即为成品。

四、开封五香兔肉

1. 原料配方（以 100 kg 兔肉计）

食盐 4.7 kg，白豆蔻 0.04 kg，花椒 0.07 kg，丁香 0.03 kg，八角 0.07 kg，冰糖 0.2 kg，茴香 0.03 kg，白糖 0.2 kg，猪肥膘 0.33 kg，草果 0.07 kg，面酱 0.13 kg。

2. 操作要点

（1）选料与处理　选用生长五个月左右的兔子，过老、过嫩、过瘦皆不入选。兔子宰杀时先剥皮取出内脏，挂阴凉通风处风干 7 天。然后放凉水中浸泡洗净，并分部位剁块用开水浸烫后，冲洗干净，沥干水分。

（2）煮制　将兔肉分层摆放锅内，摆放时在中间留一圆洞，用纱布袋装入香辛料放锅内，并兑入老汤同煮。先用大火煮 1 h，改用文火煮 1～5 h。煮熟后待凉捞出，即为成品。

五、龙眼珊瑚鹿肉

龙眼珊瑚鹿肉以鹿肉为主要原料，配以鹌鹑蛋和胡萝卜，经油炸、卤煮等工序加工而成，因鹌鹑蛋形如龙眼，胡萝卜好似珊瑚，故而得名。

1. 原料配方

鹿肉 0.75 kg，鹌鹑蛋 10 个，胡萝卜 0.25 kg，猪肉 0.5 kg，鸡腿骨 0.5 kg，清油 0.3 kg，料酒 0.2 kg，葱段 0.1 kg，姜 0.05 kg，酱油 0.02 kg，食盐 0.04 kg，白酒 0.01 kg，味精 0.002 kg，香油 0.002 kg，胡椒面 0.002 kg，干辣椒 0.0054 kg，花椒 0.001 kg，水淀粉 0.015 kg。

2. 操作要点

（1）原料整理　选肋条鹿肉，切成 4 cm 见方的块，用水泡洗 2 次。猪肉切块和鸡腿骨一起用开水汆，温水泡。鹌鹑蛋开水煮熟去壳，将大的一端切齐。将直径 2.5 cm 胡萝卜，去皮，切成长 2～5 cm 的段，削成算盘珠形，开水焯熟，清水泡凉，备用。

（2）油炸、卤煮　锅内油烧至六成热，放入鹿肉，稍炸捞出。先将鸡骨放在锅底，用纱布将鹿肉包成两包，放在鸡骨上，然后再放猪肉，加水、食盐、酱油、料酒、白酒、胡椒面，烧开撇尽浮沫，放入干辣椒、花椒、姜、葱，微火煮至鹿肉熟软为止。挑出锅内干辣椒、姜、葱等，将鹿肉包解开，鹿肉摆在盘中间，鹌鹑蛋、胡萝卜烧上味，摆在鹿肉周围，将鹿肉原汤下味精、水淀粉，收浓，加香油，浇在鹿肉上即成。鹌鹑蛋、胡萝卜保持本色，不要浇汁。

第五章
白煮食品加工

白煮食品是指肉类原料在加工过程中，除加入一定数量的盐外，不加其他辅料，也不用酱油，产品基本上仍是原料的本色。这种方法操作简捷、省时省事。白煮制品的主要品种是白水羊头肉、白切肉，还有白切猪头肉、蹄髈、猪舌、猪肚、猪肝、圈子（猪直肠）等。现简要介绍其加工方法如下。

按与酱卤制品相同要求选择原料，清洗整理后把原料肉逐块放入煮锅中，放入凉水，水要淹没肉块，用旺火把火烧开，撇净血水浮沫和污物杂质。再改用文火煮 2～3 h，至肉熟即可出锅。对带骨原料，如头、蹄等，还需趁热拆骨，不能等凉透后再拆。拆骨时要保持肌肉的部位完整，不能拆碎，拆骨时要注意操作人员的卫生，先洗手消毒，再操作。然后将肉块切成薄的肉片，切片非常讲究刀工，先用小刀选好部位，再用大刀片，刀由里往外推拉切成又大又薄的肉片。再辅以预调制的香料即成。辅料因不同地区及不同产品而异。

第一节　白煮畜肉加工

一、白切肉

1. 原料配方（以 100 kg 猪前后腿肉计）

食盐 13～15 kg，姜 0.5 kg，硝酸钠 0.02 kg，葱 2 kg，料酒 2 kg。

2. 操作要点

（1）原料选择　选择卫检合格、肥瘦适度的新鲜优质猪前后腿肉为原料，每只腿斩成 2～3 块。

（2）腌制　将食盐和硝酸钠配制成腌制剂，然后将其揉擦于肉坯表面，放入腌制缸中，用重物压紧，在 5℃左右腌制。2 天后翻缸一次，使食盐分布均匀；7天后出缸，抖落盐粒。

（3）煮制　第一次制作时，将葱、姜、料酒和清水倒入锅中，再加入腌制好的肉块，宽汤旺火烧开，煮 1 h 后文火炖熟，捞出即为成品。剩余的汤再烧开，撇去浮油，滤去杂物和葱姜，即为老汤。以后制作使用老汤风味更佳。

（4）冷却　煮熟的肉冷却后可立即销售，也可于 4℃冷藏保存。

二、镇江肴肉

1. 方法一

（1）原料配方（以 100 只去爪猪蹄髈计，平均每只重约 1 kg）

食盐 13.5 kg，八角 0.075 kg，姜片 0.125 kg，绍酒 0.25 kg，葱 0.25 kg，明矾 0.03 kg，花椒 0.075 kg，硝水 3 kg。注：硝水为 0.03 kg 硝酸钠拌和于 5 kg 水中得到。

（2）操作要点

① 原料选择及整理　一般要求选 70 kg 左右的薄皮猪，以在冬季肥育的猪为宜。取猪的前后腿（以前蹄髈制作的肴肉为最好），除去肩胛骨、臂骨与大小腿骨，去爪、去筋、刮净残毛，洗涤干净，然后置于案板上，皮朝下，用铁钎在蹄髈的瘦肉上戳小洞若干。

② 腌制　用食盐均匀揉擦整理好的蹄髈表皮，用盐量占 6.25%，务求每处都要擦到。然后将蹄髈叠放在缸中腌制，放时皮面向下，叠时用 3% 硝水洒在每层肉面上。冬季腌制需 6～7 天，甚至达 10 天之久，用盐量每只约 90 g；春秋季腌制 3～4 天，用盐量约 110 g，夏季只须腌 6～8 h，需盐量 125 g 左右。腌制的要求是深部肌肉色泽变红为止。出缸后，用 15～20℃ 的清洁冷水浸泡 2～3 h（冬季浸泡 3 h，夏季浸泡 2 h），适当减轻咸味，除去涩味，同时刮除皮上污物，用清水洗净。

③ 煮制　取清水 50 kg，食盐 4 kg 及明矾 15～20 g 放入锅中，加热煮沸，撇去表层浮沫，使其澄清。将上述澄清盐水注入另一锅中，加入黄酒、白糖，另取花椒、八角、姜片、葱分别装在两只纱布袋内，扎紧袋口，放入盐水中，然后把腌好洗净的蹄髈放入锅内，蹄髈皮朝上，逐层摆叠，最上一层皮面向下，并用竹篾盖好，使蹄髈全部浸没在汤中。然后用旺火烧开，撇去浮在表层的泡沫，用重物压在竹盖上，改用小火煮，温度保持在 95℃ 左右，时间为 90 min，再将蹄髈上下翻换，重新放入锅内再煮 3～4 h（冬季 4 h，夏季 3 h），用竹筷试一试，如果肉已煮烂，竹筷很容易刺入，这就恰到好处。捞出香料袋，肉汤留下继续使用。

④ 压蹄　取长宽均为 40 cm、边沿高 4.3 cm 的平盆，每个盆内平放猪蹄髈两只，皮朝下。每 5 只盆叠压在一起，上面再盖空盆 1 只。20 min 后，将盆逐个移至锅边，把盆内的油卤倒入锅内。用旺火把汤卤煮沸，撇去浮油，放入清水和

剩余明矾，再煮沸，撇去浮油，将汤卤舀入盆中，使汤汁淹没肉面，放置于阴凉处冷却凝冻（天热时凉透后放入冰箱凝冻），即成晶莹透明的浅琥珀状水晶肴肉。煮沸的卤汁即为老卤，可供下次继续使用。镇江肴肉宜现做现吃，通常配成冷盘作为佐酒佳肴。食用时切成厚薄均匀、大小一致的长方形小块装盘，并可摆成各种美丽的图案。

2. 方法二

（1）原料配方

10 只猪蹄髈（约 50 kg），曲酒（60 度）250 g，白糖 250 g，花椒 125 g，食盐 10 kg，八角 125 g，葱段 250 g，明矾 30 g，姜片 250 g，硝酸钠 20 g。

（2）操作要点

① 原料肉的选择与处理　选择皮薄、活重在 70 kg 左右的瘦肉型猪肉为原料，取其前后蹄髈肘子进行加工，以前蹄髈为最好。将蹄髈剔骨去筋，刮净残毛，洗涤干净。

② 腌制　将蹄髈皮面朝下置于肉案上，用铁扦在瘦肉上戳若干小洞，用盐均匀揉擦肉的表面，用盐量为肉重的 6.25%，力求每处都擦到。擦盐后层层叠放在腌制缸中，皮面向下，叠时用 3%硝酸钠水溶液少许洒在每层肉面上。多余的盐洒于肉面上。在冬季腌制 6～7 天，每只蹄髈用盐量约 90 g；春秋季腌制 3～4 天，用盐量 110 g 左右。夏天腌制 1～2 天，用盐量 125 g。腌制的要求是深部肌肉色泽变红为止。为了缩短腌制时间，可以改为盐水注射腌制，注射后用滚揉机滚揉，10 h 就可以达到腌制的要求。

出缸后，用 15～20℃的清洁冷水浸泡 2～3 h（冬季浸泡 3 h，夏季浸泡 2 h），适当脱盐，减轻咸味，除去腥涩味，同时刮去皮上的杂物污垢，用清水洗净。

③ 煮制　用清水 50 kg，加食盐 5 kg 和明矾粉 15 g，加热煮沸，撇去浮沫，放置使其澄清。取澄清的盐水注入锅中，加 60 度曲酒 250 g、白糖 250 g，将花椒和八角装入香料袋，扎住袋口，放入盐水中，然后把腌好洗净的猪蹄髈 50 kg 放入锅内，猪蹄髈皮朝上，逐层摆叠，最上面一层皮面朝下，上面用铁箅压住，使蹄髈全部淹没在汤中，盖上锅盖。用大火烧开，撇去浮油和泡沫，改用文火煮，温度保持在 95℃左右，时间 90 min，将蹄髈上下翻一次，然后再焖煮 4 h。煮熟的程度以竹筷很容易插入为宜。捞出香料袋。

④ 压制蹄髈　取长、宽都为 40 cm，边高 4.3 cm 的平盘（不锈钢模具）50 个，每个盘内平放猪蹄髈 2 只，皮朝下。每 5 个盘摆在一起，最上面再摆一个空盘。20 min 后，将盘内沥出的油卤倒入卤汤锅内。用旺火把卤汤煮沸，撇去浮油，放入明矾 15 g、清水 2.5 kg，再煮沸，撇去浮油，稍澄清，将卤汤舀入蹄

盘，使卤汤淹没肉面，放置于阴凉处冷却凝冻（夏天凉透后放入冰箱凝冻），即成晶莹透明的浅琥珀状水晶肴肉。

三、肴肉罐头

1. 原料配方（以 100 kg 猪肉计）

（1）主料配方　食盐 3 kg，预煮调味料 40 kg，明矾 2～3 g，味精 50 g，亚硝酸钠 10 g。

（2）预煮调味料配方　花椒 0.1 kg，八角 0.2 kg，姜 0.5 kg，食盐 0.5 kg，葱 1 kg，水 40 kg。

2. 操作要点

（1）原料选择　选择去皮、去骨猪肉为原料，尤以前后腿肉为佳。

（2）腌制　将食盐和亚硝酸钠（将亚硝酸钠溶于 5 kg 水中）加入猪肉中，拌匀后放入容器，立即于 2～6℃冷库内腌制 3～5 天。腌后肉色呈鲜红色，气味正常。

（3）漂洗　腌制后漂洗 1 h，以洗去污物，然后在沸水中淋浸 20 min，取出再清洗 1 次，去除血蛋白、污物等。

（4）预煮、切块　将猪肉与调味料在 95～98℃预煮 60～70 min，取出平铺在工作台面上自然冷却。然后切成厚 1～1.5 cm、长 7～8 cm 的块形。

（5）注汤　在上述配料预煮汤中加入明矾，澄清汤汁，除去沉淀物后加入味精。然后将肉块放入罐中，注入此汤汁。

（6）密封、杀菌及冷却　密封中心温度不低于 75℃，杀菌公式（排气）15 min—25 min—15 min/121℃，反压冷却。

四、白切羊肉

1. 白切羊肉一

（1）原料配方（以 100 kg 羊肉计）

酱油 8 kg，羊筒子骨 80 根，白糖 4 kg，鲜姜 4 kg，黄油 2 kg，葱 1 kg，陈皮 1 kg，香油 1 kg，八角 0.6 kg，食盐 0.4 kg，茴香 0.4 kg，桂皮 0.4 kg，花椒 0.4 kg，丁香 0.1 kg。

（2）操作要点

① 原料选择及整理　选用符合卫生检验要求的长阳新鲜山羊夹腿肉，然后切成长 20 cm、宽 13 cm、厚 5 cm 的长方块，清洗干净。同时将羊筒子骨洗净。

② 煮制　锅内加 100 kg 清水。将八角、丁香、桂皮、花椒、茴香、陈皮装进小白布袋中，捆好袋口，做成香料袋。将羊筒子骨放在锅底，香料袋放在筒子骨中间，羊肉放在上面，顺码成梳子背形。生姜拍松，香葱挽结，和食盐、酱

油、黄酒、白糖一起放入锅中煮开后，改用微火加盖焖煮 40 min 取出。羊肉不要煮过烂，煮制过程注意保持肉块形状完整。

③ 压制　将煮好的肉块整齐地摆在铺有白布的案子上包好，压上木板，放重物进行压制，约 10 h 即可。食用时将压好的肉块改切成长 5 cm、宽 3 cm、厚 0.3 cm 的长方片，码入盘中，叠成元宝形，叠好的羊肉立即刷上小磨香油即可。

2. 白切羊肉二

（1）原料配方（以 100 kg 羊肉计）

白萝卜 10 kg，陈皮 1 kg，葱 2 kg，生姜 2 kg，料酒 2 kg，佐料 10 kg。注：佐料由细姜丝、青蒜丝、甜面酱、辣椒酱混合而成。

（2）操作要点

① 原料整理　将羊肉切块、洗净，在水中浸泡 2～4 h，捞出控水。

② 煮制　将羊肉块放入锅中，加清水，放入白萝卜，大火烧开，去掉血污后，捞出羊肉。锅内另换新水，放回羊肉，加入葱段、生姜（拍松）、陈皮等调料，用旺火烧开，撇去浮沫，加入料酒，改为中火煮熟。

③ 冻凝　将肉捞出，摊于平盘中。将锅中卤汁再次烧开，撇净浮油，留下部分倒入羊肉盘内，晾凉，放入冰箱冷冻。食用时取出切成薄片装盘，蘸佐料吃。

五、佛山扎蹄

佛山扎蹄有两种形式，一是用整只猪蹄酝制而成；二是用猪蹄开皮，抽去脚筋和骨，再用猪肥肉夹着猪精肉包扎在猪蹄皮内酝制。所谓"酝"，就是用慢火煮浸。前者制作工序较少，后者制作工序较多，但两者都为佛山人所喜食。由于后者是用水草扎着来酝制，所以名叫"扎蹄"。

1. 原料配方

（1）精肉片腌制液（以 50 kg 精肉计）　食盐 0.75 kg，五香粉 0.1 kg，白酒（50 度）0.75 kg，酱油 2.5 kg，白糖 1.5 kg。

（2）扎蹄腌制液（按 50 kg 精肉和肥膘计）　食盐 3～3.5 kg，酱油 2.5 kg，芝麻酱 0.5 kg，白糖 1.5 kg，五香粉 0.1 kg，白酒（50 度）0.75 kg。

（3）煮蹄用配料（按扎蹄生坯 40 kg 计）　食盐 2 kg，白糖 3 kg，八角 0.2 kg，酱油 5 kg，硝酸钠 0.02 kg，甘草 0.2 kg，白酒（50 度）1 kg，川椒 0.1 kg，桂皮 0.2 kg。

2. 操作要点

（1）原料修整　加工扎蹄的原料有精肉、肥膘和猪蹄皮，其重量比为 65：20：15，猪蹄皮可用猪皮代替。先将猪蹄刮尽细毛洗净，然后从猪蹄后面开刀，将皮分开，去骨及筋膜，再用刀将皮下脂肪刮尽；精肉去尽筋膜和脂肪，切成

0.4 cm 厚的薄片；肥膘用冷水洗净后用刀切成与精肉一样的薄片待用。

（2）腌制　先将精肉片腌制配料全部拌匀，然后加精肉片再拌匀，腌制约 20 min 后在烤炉中烤熟。再将肥膘片用盐腌制 10 h 待用。将烤熟的精肉片和腌制后的肥膘片与扎蹄腌制液配料全部拌匀，腌制约 20 min。

（3）扎蹄　将经扎蹄配料腌制后的精肉片和白膘片分别交错地夹嵌在猪蹄皮中间卷成圆筒形，外用水草或细麻绳绕紧。由于猪蹄皮面积可能较小，中间嵌满肉片后，两边不能合拢，在空档处可用薄竹片或猪皮嵌入，外面再扎水草或细绳，若用大张猪皮，则不存在此问题。

（4）煮烧　扎蹄生坯 40 kg 入锅，加水 100 kg 及全部煮蹄配料，用文火焖烧 2.5 h，出锅即为成品。

六、白切猪肚

1. 白切猪肚一

（1）原料配方（以 100 kg 猪肚计）

香菜 1 kg，酱油 2.5 kg，生姜 1 kg，米醋 1 kg，明矾 0.5 kg，香葱 1 kg，黄酒 1 kg，麻油 0.5 kg。

（2）操作要点

① 原料整理　将猪肚内壁向外翻出，用清水洗净内壁的污物，剪去肥油，而后把猪肚内壁翻到里面，用明矾和米醋擦透，放在清水中洗去黏液，锅内装入清水放在炉灶上用旺火烧沸，把猪肚投入锅内氽水，捞出后用刀刮去白衣，再放入明矾和米醋擦透，放在清水中洗净。

② 白烧　把铁锅放在炉灶上，倒入清水烧沸，放入猪肚烧滚，加入黄酒、生姜、香葱继续烧，直到猪肚八成烂时取出，用刀沿猪肚长的方向剖开，平摊在案子上并在其上面用重物压住，使猪肚平整，待其自然冷却。食用时将猪肚切片蘸酱油、麻油即可。

2. 白切猪肚二

（1）原料配方（以 100 kg 猪肚计）

桂皮 0.1 kg，葱 0.6 kg，八角 0.1 kg，白糖 0.5 kg，食盐（不包括清洗原料时的用盐）3 kg，鲜姜 0.4 kg，味精 0.2 kg，黄酒 1.5 kg。

（2）操作要点

① 原料整理　猪肚的清洗可参考"白切猪肚一"的操作进行。将清洗干净的猪肚擦上食盐（约 25 kg），边擦边揉，再用清水冲洗干净。然后将猪肚放在 80~90℃ 的热水内浸烫至猪肚缩小变硬即可捞出，接着刮去白衣、清洗、沥水。

② 白烧　将桂皮和八角装入纱布袋封口放入盛有清水的锅中，同时加入食

盐，加热煮沸；煮沸后放入猪肚和葱、姜、黄酒继续煮沸 30 min 起锅。起锅前 5 min 加入白糖和味精。

第二节　白煮禽肉加工

一、上海白斩鸡

白斩鸡始于清代的民间酒店，因烹鸡时不调味白煮而成，食用时随吃随斩，故称"白斩鸡"。

1. 原料配方

三黄鸡 1 只，黄酒 30 mL，酱油 15 g，葱末 15 g，姜末 15 g，蒜蓉 15 g，白糖 8 g，香油 8 g，米醋 15 g，姜片、葱段适量。

2. 操作要点

（1）原料选择　选用上海浦东、奉贤、南汇出产的优良三黄鸡，要求体重在 2 kg 以上，公鸡必须是当年鸡，母鸡要隔年鸡。因为这一带的鸡多散养，吃活食，光照时间长，肉质鲜嫩，皮下脂肪丰富。

（2）造型　首先把鸡放在水里面烫一下，把鸡的嘴巴从翅膀下穿过去，这样造型会比较漂亮。

（3）煮制　锅里放入适量的水，放入姜片、葱段和黄酒，等到水烫手未开时候把鸡烫一下，锅里的水不能沸腾，主要是利用水的热度把鸡浸透、泡熟就可以了，这样鸡肉比较嫩。大约半个小时左右就熟了。

（4）成品　把煮制好的鸡剁好码盘，食用时将酱油、姜、葱等辅料混合配成佐料蘸着吃。

二、广东白斩鸡

1. 原料配方（以 100 kg 白条鸡计）

食盐适量，花生油 0.6 kg，绍酒适量，姜 0.5 kg，葱 0.5 kg，麻油适量。

2. 操作要点

（1）原料选择、宰杀及整理　选择体重 1 kg 左右的嫩公鸡。宰杀和整理步骤的操作可参照前述操作进行。

（2）煮制　将洗净的鸡放入锅里，倒入清水（以淹没鸡身为宜），再放进葱、姜若干，用大火烧开，撇去浮沫，再改用小火焖煮 10～20 min，加适量盐，待确定鸡刚熟时，关火冷却后，再将鸡捞出，控去汤汁，然后在鸡周身涂上麻油即成。将葱、姜切成细丝并与食盐拌匀，然后用中火烧热炒锅，下油烧至微沸，淋在其上，供佐膳用。食用时斩成小块，蘸着佐料吃。

三、家制白斩鸡

1. 原料配方

嫩鸡 1 只，香菜 5 g，酱油 25 g，麻油 10 g。

2. 操作要点

（1）原料选择、宰杀及整理　选择体重 1.25 kg 的嫩鸡为原料。按照前述方法宰杀后用八成热的水烫透，煺去毛，挖去内脏，洗净后放在开水锅中（以淹没鸡为度），用小火约浸 1 h 左右（水不能滚沸，以免鸡皮破裂），用竹签戳一下鸡腿肉，如已经断血，即可捞起，自然冷却。

（2）煮制　将煮熟的鸡从背脊剖开斩成两片，切去两腿，随即取鸡脯肉 1 块，斩成 6.6 cm 长、1 cm 宽的条块，修齐成刀面放在一边待用；另一块鸡脯斩成块后，用修下的碎鸡肉一起装在盆当中，再将两只鸡腿用斜刀斩成 6.6 cm 长、1 cm 宽的条块，整齐地排在鸡块两边；然后将斩好的刀面覆盖在上面，略带桥形，上面放上香菜。酱油装碟，加入麻油，同白斩鸡一起蘸吃。

四、成都桶子鸭

1. 原料配方

肥鸭 100 只，食盐 2 kg，花椒 1 kg，葱、鲜姜各 0.5 kg。

2. 操作要点

（1）原料选择及宰杀　选用新鲜优质当年鸭为原料。采用颈部切断三管法宰杀放血，64℃左右热水中浸烫脱毛，然后在右翅下横切 6～7 cm 月牙形口，从开口处挖出内脏，拉出气管、食管和血管，用清水把鸭体洗净。

（2）烫皮及腌制　剁掉鸭掌和鸭翅，再用开水充分淋浇鸭身内外，使鸭皮紧实。然后把食盐和花椒的混料搓擦鸭身内外，放入容器中腌制约 15 h。每 100 只腌鸭配料为食盐 2 kg，花椒 1 kg，葱、鲜姜各 0.5 kg。

（3）煮制　取一根长约 7 cm、直径 2 cm 左右的竹管，插入鸭肛门，一半入肛门里一半在外，以利热水灌入体腔。再将生姜 2 片、小葱 3 根、八角 2 颗从右翅下刀口处放入鸭腔。然后锅中加清水，同时放入适量生姜、八角、葱，烧沸后，将鸭放入沸水中浸一下，提起鸭左腿，倒出体腔内水分，再放入锅中，使热水再次进入鸭体腔内。然后加入约占锅内水量 1/3 的凉水，盖上锅盖焖煮 20 min 左右。接着继续加热，待水温约 90℃，再一次提起鸭体倒出腔内水分，并向锅中加入少量凉水，然后把鸭放入水中焖煮 15 min 左右。再次加热到 90℃左右，立即将鸭取出，冷却后切块即可食用。

五、马豫兴桶子鸡

1. 原料配方（以 100 kg 白条鸡计）

葱 5 kg，香辛料（八角、白芷、草果、砂仁、白豆蔻）2 kg，食盐 5 kg，花椒 0.5 kg，姜 2 kg，料酒 3 kg。

2. 操作要点

（1）原料选择　一律选用生长期一年以上，体重在 1.2 kg 以上的活母鸡，要求鸡身肌肉丰满，脂肪厚足，胸肉较厚为佳。

（2）宰杀、整理　母鸡宰杀后洗净，剁去爪，去掉翅膀下半截的大骨节，从右翅下开 5 cm 长的月牙口，手指向里推断三根肋骨，食指在五脏周围搅一圈后取出；再从脖子后开口，取出嗉囊，冲洗干净。两只大腿从根部折断，用绳缚住。

（3）煮制　先用部分花椒和食盐放在鸡肚内晃一晃，使盐、花椒均匀浸透。再将洗净的荷叶叠成长 7 cm、宽 5 cm 的块，从刀口处塞入，把鸡尾部撑起。然后用秫秸秆一头顶着荷叶，一头顶着鸡脊背处，把鸡撑圆。将白卤汤或老汤烧开撇沫，先将桶子鸡浸入涮一下，紧皮后再下入锅内，放入香辛料（用稀布包住）、料酒、葱、姜。煮沸后小火上焖半小时左右，捞出即成。

六、东江盐焗鸡

1. 原料配方

母鸡 1 只（1.3 kg 左右），生盐（粗盐）2 kg，味精 3 g，八角粉 2 g，山奈粉 2 g，生姜 5 g，葱段 10 g，小麻油适量，花生油适量。

2. 操作要点

（1）原料选择　选用即将开产经育肥后的三黄鸡，体重为 1.3 kg 左右。

（2）宰杀、整理　将活鸡宰杀放净血，烫毛并除净毛，在腹部开一小口取出所有内脏，去掉脚爪，用清水洗净体腔及全身，挂起沥干水分。

（3）腌制　鸡整理好后，把生姜、葱段捣碎与八角粉一起混匀，放入鸡腹腔内，腌制约 1 h。在一块大砂纸（皮纸）上均匀地涂上一层薄薄花生油，将鸡包裹好，不能露出鸡身。

（4）盐焗　将粗盐放在铁锅内，加火炒热至盐粒爆跳，取出 1/4 热盐放在有盖的砂锅底部，然后把包好的鸡放在盐上，将其余 3/4 的盐均匀地盖满鸡身，不能露出，最后盖上砂锅盖，放在炉上用微火加热 10～15 min（冬季时间长些），使盐味渗入鸡肉内并焗熟鸡，取出冷却，剥去包纸即可食用。再将小麻油、山奈粉、味精与鸡腹腔内的汤汁混合均匀调成佐料，蘸着吃。

第六章
糟制食品加工

○

我国糟制品历史悠久，早在《齐民要术》一书中就有关于糟肉加工方法的记载。在我国一些地区，糟肉加工相当流行，并形成了一些著名特产。例如，逢年过节，嵊州人几乎家家户户都有制作糟鸡、糟肉的习俗；安徽古井醉鸡因使用古井贡酒而得名；杭州糟鸡在 200 多年前的清乾隆食谱中已有记载。

糟制品加工环节较多，可以采用不同加工原料，按各自的整理方法进行清洗整理，其加工工艺基本相同。

第一节　猪肉糟制品加工

一、糟猪肉

1. 原料配方（以 100 kg 肉坯计）

陈年香糟 3 kg，食盐 1.7 kg，炒过的花椒 3～4 kg，味精 0.1 kg，料酒 7 kg，酱油（虾子酱油最好）0.5 kg，高粱酒 0.5 kg，五香粉 0.03 kg。

2. 操作要点

（1）原料及整理　选用新鲜的皮薄且皮面细腻的肋条五花肉、前腿肉和后腿肉为原料。五花肉对半斩成两片，再顺肋骨斩成长方块，成为肉坯。前后腿也斩成类似的大小。

（2）白煮　将肉坯倒入锅内，水放满超过肉坯表面，旺火烧至沸腾，撇去血沫，减小火力，继续烧至骨头容易抽出为止。捞出肉坯，拆骨并在肉坯两面敷盐。

（3）制糟　香糟为小麦酒糟。

① 准备陈糟　将 50 kg 香糟、1.5～2 kg 炒过的花椒、适量食盐搅拌均匀，放入缸中，用泥封口，待第二年使用，称为陈年香糟。

② 糟酒混合　将 3 kg 陈年香糟、30 g 五香粉、500 g 食盐放入缸内，搅拌均

匀，然后徐徐加酒，边加边搅拌，加入料酒 5 kg、高粱酒 200 g。继续搅拌至糟酒完全混合均匀，无结块为止。称糟酒混合物。

③ 制糟露　用白纱布覆盖于搪瓷桶口上，四周用绳扎牢，中间凹下，纱布上放一张表芯纸，将糟酒混合物倒在上面过滤，加盖静置，汁液徐徐滴入桶内，称为糟露。表芯纸是一种具有极细微孔的纸，也可以用滤纸代替。

④ 制糟卤　将白煮肉汤撇去浮油，用纱布过滤倒入容器内，加食盐 1.2 kg、味精 100 g、酱油 500 g、料酒 2 kg、高粱酒 300 g，总量以 30 kg 左右为宜。搅拌均匀后冷却，倒入糟露内，再搅拌均匀，即为糟卤。

（4）糟制　将凉透的糟肉坯皮朝外圈砌在容器中，倒入已冷却的糟卤，可采用一些方法加速冷却，比如中间放冰桶。待糟卤凝结成冻时为止，大约需要 3 h，食用时将肉切片，盛在盘内，浇上卤汁食用。

二、传统糟肉

1. 原料配方（以 100 kg 猪肉计）

花椒 1.5～2 kg，陈年香糟 3 kg，上等绍酒 7 kg，高粱酒 500 g，五香粉 30 g，食盐 1.7 kg，味精 100 g，酱油 500 g。

2. 操作要点

（1）选料　选用新鲜的皮薄而又鲜嫩的五花肉、前后腿肉。五花肉照肋骨横斩对半开，再顺肋骨直切成长 15 cm、宽 11 cm 的长方块，成为肉坯。若采用腿肉，亦切成同样规格。

（2）白煮　将整理好的肉坯，倒入锅内烧煮。水要放到超过肉坯表面，用旺火烧，待肉汤要烧开时，撇清浮沫，烧开后减小火力继续烧，直到骨头容易抽出来不粘肉为止。用尖筷和铲刀出锅。出锅后一面拆骨，一面趁热在热坯的两面敷盐。

（3）配制糟卤　陈年香糟的制法：香糟 50 kg，用 1.5～2 kg 花椒加盐拌和后，置入瓮内扣好，用泥封口，待第二年使用，称为陈年香糟。将 3 kg 陈年香糟、30 g 五香粉、500 g 食盐放入容器内，先加入少许上等绍酒，用手边挖边搅拌，并徐徐加入绍酒（共 5 kg）和高粱酒 200 g，直到酒糟和酒完全拌合，没有结块为止，称糟酒混合物。

制糟露：用白纱布罩于搪瓷桶上，四周用绳扎牢，中间凹下。在纱布上摊上表芯纸（表芯纸是一种具有极细孔洞的纸张，也可以用其他韧性的造纸来代替）一张，把糟酒混合物倒在纱布上，加盖，使糟酒混合物通过表芯纸和纱布过滤，徐徐将汁滴入桶内，称为糟露。

制糟卤：将白煮的白汤撇去浮油，用纱布过滤入容器内，加入食盐 1.2 kg、味精 100 g、上等绍酒 2 kg、高粱酒 300 g，拌合冷却。若白汤不够或汤太浓，可加凉开水，以最终 30 kg 左右的白汤为宜。将拌和配料的白汤倒入糟露内，拌和均匀，即为糟卤。用纱布结扎在盛器盖子上的糟渣，待糟货生产结束时，解下即作为喂猪的上等饲料。

（4）糟制　将已经凉透的糟肉坯皮朝外，放在盛有糟卤的容器内。盛放糟货的容器须事先放在冰箱内，另用一盛冰容器置于糟货中间以加速冷却，直到糟卤凝结成冻时为止。

（5）保管方法　糟肉的保管较为特殊，必须放在冰箱内保存，并且要做到以销定产，当日生产，现切再卖，若有剩余，放入冰箱，第二天洗净糟卤后放在白汤内重新烧开，然后再糟制。回汤糟货已有咸度，用盐量可酌减，须重新冰冻，否则会失去其特殊风味。

三、上海糟肉

1. 原料配方（以 100 kg 猪肉计）

黄酒 7 kg，陈年香糟 3 kg，酱油 2 kg，食盐 1.7 kg，花椒 0.09～0.12 kg，高粱酒 0.5 kg，五香粉 0.03 kg，味精 0.1 kg。

2. 操作要点

（1）原料处理　选用新鲜皮薄的五花肉和前后腿肉，将选好的肉修整好，清洗干净，切成长 15 cm、宽 11 cm 的长方形肉坯。

（2）白煮　将处理好的肉坯倒入容器内进行烧煮，容器内的清水必须超过肉坯表面，用旺火烧至肉汤沸腾后，撇净血污，减小火力继续烧煮，直至骨头容易抽出时为止，然后用尖筷子和铲刀把肉坯捞出。出锅后一面拆骨，一面在肉坯两面敷盐。肉汤冷却后备用。

（3）陈糟制备　每 100 kg 香糟加入 3～4 kg 炒过的花椒和 4 kg 左右的食盐拌匀后，置于密闭容器内，进行密封放置，待第二年使用，即为陈年香糟。

（4）制糟露　将陈年香糟、五香粉、食盐搅拌均匀后，再加入少许上等黄酒，边加边搅拌，并徐徐加入高粱酒 200 g 和剩余黄酒，直至糟、酒完全均匀，没有结块时为止。然后进行过滤（可以使用表芯纸或者纱布等过滤工具），滤液称为糟露。

（5）制糟卤　将白煮肉汤，撇去浮油，过滤入容器内，加入食盐、味精、酱油（最好用虾子酱油）、剩余高粱酒，搅拌冷却，数量掌握在 30 kg 左右为宜，然后倒入制好的糟露内，混合搅拌均匀，即为糟卤。

（6）糟制　将凉透的肉坯，皮朝外，放置在容器中，倒入糟卤，放在低温（10℃以下）条件下，直至糟卤凝结成胶冻状，3 h 以后即为成品。

四、苏州糟肉

1. 原料配方（以 100 kg 猪肉计）

高粱酒 0.2 kg，陈年香糟 2.5 kg，黄酒 5 kg，食盐 1 kg，葱 1 kg，生姜 0.8 kg，酱油 0.5 kg，味精 0.5 kg，五香粉 0.1 kg。

2. 操作要点

（1）原料处理　选用皮薄而又细嫩的新鲜五花肉、前后腿肉作为原料。将选好的五花肉或腿肉修整好，清洗干净后，切成长 15 cm、宽 11 cm 的长方肉块，待用。

（2）烧煮　将处理好的肉块倒入容器内进行烧煮，容器内的清水必须超过肉坯表面，用旺火烧至肉汤沸腾后，撇净血污，然后减小火力继续烧煮约 45～60 min，直至肉块煮熟为止，然后用尖筷子和铲刀把肉坯捞出。

（3）糟制　首先将配料混合均匀，过滤制成糟露或糟汁，直至糟、酒完全均匀，没有结块时为止。然后过滤，滤液即为糟露。然后，将烧煮好的肉块置于糟制容器中，倒入糟露，密封糟制 4～6 h 即成。

此产品最好采用真空包装，贮藏温度要低，最好置于 0～4℃ 条件下。

五、白雪糟肉

1. 原料配方（以 100 kg 猪臀肉计）

食盐 5 kg，料酒 5 kg，姜 2.5 kg，白糟 25 kg，味精 0.1 kg，葱适量。

2. 操作要点

（1）原料处理　选用新鲜、卫检合格的猪臀肉作原料，剔除多余的肥膘，用清水洗净；将葱切成段，把姜拍松成块状，待用。

（2）煮制　把洗净的猪臀肉放入煮制锅内，加入清水，清水以浸没肉为度，投入葱段和姜块，用旺火烧至肉汤沸腾后，撇净血污，然后减小火力，淋入料酒，用小火焖煮 20 min 左右后，取出。

（3）腌制　把煮制好的猪臀肉晾凉后，用刀切成小方块，放入容器内，加入食盐，搅拌均匀，腌制 20 min 左右。

（4）糟制　在腌制好的肉块中加入白糟拌匀，低温条件下密闭放置 24 h 左右，然后加入味精，上笼蒸熟。出笼后，待其冷却凉透后，即可食用。

六、济南糟蒸肉

1. 原料配方（以 100 kg 猪肉计）

植物油 30 kg，酱油 8 kg，姜丝 0.8 kg，香糟 4.13 kg，清汤 4.13 kg，食盐

2.8 kg，葱丝 0.13 kg。

2. 操作要点

（1）选料、切片　选用剔骨猪肋肉作为原料，将选好的原料刮洗干净后，切成片状。

（2）腌制　将处理好的猪肉片和 2 kg 食盐一起调拌均匀，进行腌制 20 min 左右。腌制结束后取出，沥去水分。

（3）炸制　把油炸锅置于旺火上，将植物油烧至七成热（200℃左右），放入肉片，炸制 6min 左右，至肉片呈黄色时，捞出，沥去油，皮面朝下呈马鞍状摆放在盛器内，撒上葱、姜丝。

（4）糟制、蒸制　把香糟加入到清汤中搅拌均匀，过滤，在滤液中加入酱油、食盐 90 g 搅匀，再浇在肉上。然后用旺火蒸制 2.5 h 左右，即为成品。

七、糟猪肋排肉

1. 原料配方（以 100 kg 猪肋排肉计）

香糟 13.33 kg，清汤 100 kg，黄酒 13.33 kg，葱 2.67 kg，姜 2 kg，食盐 2.67 kg，花椒 0.27 kg，白糖 0.67 kg，味精 0.27 kg，八角 0.67 kg，桂皮 0.67 kg。

2. 操作要点

（1）原料处理　原料肉可以采用猪肋排肉等。将准备好的猪肋排肉清洗干净，按肋骨横斩对开，再顺肋骨直斩成长 15 cm、宽 10 cm 的长方块，成为肉坯，用清水漂洗干净，整理好备用。

（2）煮制　在煮制容器内加水（以淹没猪肉为度），放入猪肉、葱、姜，旺火烧开，撇去浮沫，用小火烧至猪肉八九成熟，即容易抽出骨头时关火，捞出，抽去肋骨，同时趁热在肉坯上面撒上适量食盐，腌制约 0.5 h。

（3）制卤汁　先将煮制后汤汁中的浮油和杂质撇去，然后加八角、桂皮、花椒、食盐、白糖、味精等辅料，搅拌均匀后用旺火烧沸，小火烧煮 3～5 min，倒入容器内冷却备用。

（4）制糟卤　在盛器中放入香糟，加黄酒，搅拌均匀，过滤除去糟渣，即为香糟卤。再按 1:1 的比例加入冷却好的卤汁，调匀备用。

（5）糟制　将煮熟的原料肉放入盛器内，倒入糟卤，密封好，在 0～10℃条件下放置 4 h 左右，即为成品。食用时，将捞出的肉切成小方块或厚片装盘，浇上适量糟卤即可。

八、醉肉

1. 原料配方（以 100 kg 猪肉计）

香糟 10 kg，黄酒 10 kg，大曲酒 5 kg，鲜姜 2.5 kg，大葱 2.5 kg，食盐 2 kg，白糖 1 kg，桂皮 0.5 kg，花椒 0.5 kg，味精 0.5 kg。

2. 操作要点

（1）原料处理　选用卫检合格的猪肋排肉作为原料，刮尽原料皮面的余毛，不切块，清洗干净后待用。

（2）焯水　将修割好的肉放进沸水中煮制 5 min 左右后捞出，用清水洗净后进行煮制。

（3）煮制　煮制时容器中的水要浸没肉块，旺火煮沸后，改用小火焖煮 3 h 左右，捞出肉块，肉汤不要倒掉，备用。

（4）去骨　将焖熟后的肉趁热抽去肋骨，然后均匀地在肉面上擦些食盐，切成约 20 cm 见方的大块腌制 5 min 左右。

（5）醉制　醉制时首先是制糟卤，即在肉汤中加入白糖、大葱、姜汁、味精，香糟搅拌均匀，煮沸，冷却后加入大曲酒和黄酒，搅拌均匀，过滤所得滤液即为糟卤。将切好的肉块浸没在糟卤液中进行密封，糟制 3 h 以上，即可食用。

九、安徽酒醉白肉

1. 原料配方（以 100 kg 猪臀肉计）

食盐 6 kg，鲜姜（去皮拍松）1 kg，古井贡酒 1 kg，葱结 1 kg，味精 0.1 kg，花椒 0.3 kg，清汤适量。

2. 操作要点

（1）原料处理　选用新鲜猪臀肉，刮净残毛和污物，再用清水洗净，沥去水分，切成 10 cm 见方的肉块备用。

（2）煮制　将洗净的猪臀肉放入锅里，加清水旺火烧煮，清水的量要足以淹没肉块，待肉汤沸腾后，撇净血污和浮沫，减小火力继续烧煮，直至肉煮熟为止，把肉坯捞起，撕去猪皮。

（3）醉制　在锅内加水、食盐、味精、葱结、姜块、花椒等，用旺火烧开，冷却后即为卤汁。把卤汁倒入可密封的容器中，然后放入肉块、古井贡酒，密封好，醉制约 4 h，即为成品。食用时取出醉制好的肉块，切成片状，装盘，浇上少许卤汁，即可。

十、糟醉扣肉

1. 原料配方（以 100 kg 猪五花肉计）

白糖 10 kg，香糟 10 kg，黄酒 10 kg，大曲酒 5 kg，大葱 5 kg，酱油 3 kg，食盐 1 kg，味精 0.5 kg，鲜姜 3 kg。

2. 操作要点

（1）原料处理　选用皮薄肉嫩的猪五花肉，去毛洗净后待用。将五花肉在沸水中焯 5 min 捞出，在皮面上均匀涂抹酱油。

（2）炸制　将焯水冷却后的五花肉在温油（油温 100℃左右）中炸至皮面起泡后捞出。冷却后切成 6 cm×1 cm 的肉块，再次进行油炸 1 min 左右后出锅，皮面向下按顺序摆齐，放入容器内。

（3）糟制　将香糟加入大曲酒、黄酒中，搅成糊状，过滤所得滤液即为糟卤。然后再把白糖、味精、食盐、酱油及大葱、姜汁等其他辅料加入到糟卤中拌匀，浇在肉块上，放入蒸箱旺火蒸制约 2 h 至肉酥为止。

十一、济南糟油口条

1. 原料配方（以 100 kg 猪舌计）

清汤 100 kg，香油 12.6 kg，葱丝 4 kg，姜丝 4 kg，香糟 3.2 kg，料酒 3.2 kg，食盐 2 kg，五香粉 3.2 kg，味精 0.6 kg。

2. 操作要点

（1）原料处理　选用新鲜猪舌，从舌根部切断，洗去血污，放到 70～80℃ 温开水中浸烫 20 min 左右，烫至舌头上的表皮能用指甲扒掉时，捞出，然后用刀刮去白色舌苔，洗净后用刀在舌根下缘切一刀口，利于煮制时入味，沥干水分，待用。

（2）煮制　把洗净处理好的猪舌放入锅内，再加入葱丝、姜丝、五香粉、食盐、清汤，用旺火烧开后，改用小火烧煮，保持锅内汤体微沸，直至熟烂，即可出锅。煮制好的猪口条出锅后，沥去汤汁，再切成长 5 cm、厚 0.2 cm、宽 2 cm 的片状。

（3）糟制　先将香油烧至七八成热时（200℃左右），放入香糟，炸为油糟待用。然后将味精、料酒、清汤，放在盛器内，搅拌均匀，再把油糟倒入，捞去糟渣，最后放入猪舌，浸泡约 30 min 后，捞出，即为成品。

十二、香糟大肠

1. 原料配方（以 100 kg 猪大肠计）

味精 0.33 kg，鲜姜 1.67 kg，食盐 3.33 kg，大葱 1.67 kg，黄酒 6.67 kg，香糟 3.33 kg，白糖 5 kg，大蒜末 3.33 kg，胡椒粉 0.11 kg。

2. 操作要点

（1）原料处理　选用肥嫩猪大肠，翻肠后用食盐揉擦肠壁，除尽黏附的污物。然后用清水洗净，放入沸水内泡 15 min 左右后捞起，浸入冷水中冷却后，再捞起沥干水分。

（2）煮制　将清洗干净的大肠放入锅内，加水淹没大肠，然后放入大葱、姜、黄酒、胡椒粉，大火烧开后，用文火煮制约 4 h 直至肠熟烂，即可出锅。

（3）油煽　取出煮制好的大肠切成斜方块，再与蒜末一起用油煽炒一下，再加入香糟、黄酒、白糖、食盐、味精，用温火煮制 20 min 左右，即为成品。

十三、糟猪腿肉

1. 原料配方（以 100 kg 猪腿肉计）

食盐 4 kg，黄酒 4 kg，香糟 40 kg。

2. 操作要点

（1）原料处理　将准备好的猪腿肉用清水清洗干净，不用切块。把食盐炒熟备用。其他加工用具均须清洗干净并消毒。

（2）煮制　将洗净后的整块腿肉装入煮制容器内，添足清水，用大火将水烧开，然后改用小火将腿肉煮烂。煮制达到要求后捞出腿肉（保留肉汤备用），趁热在腿肉上涂抹一层食盐，要抹得均匀，冷却后待用。

（3）糟制　将香糟、食盐、黄酒混合拌匀，装入大袋（布袋或纱布袋均可）中，盖在冷透的肉面上。糟袋内可以多加些黄酒，使酒、糟逐渐流滴在腿肉上，把腿肉连同袋子一起放在密闭容器中，置于低温（10℃以下）条件下，进行糟制，至少要放置 7 天，7 天以后即可食用。食用时，将捞出的腿肉切成小方块或厚片装盘即可。

十四、糟八宝

1. 原料配方（以 100 kg 猪八宝计）

香糟 15 kg，大葱 4 kg，黄酒 2.5 kg，姜 2 kg，香油 2.5 kg，食盐 1 kg，味精 0.3 kg。

2. 操作要点

（1）原料处理　选用等量的猪内脏八样：猪肺、猪心、猪肠、猪肚、猪腰、猪蹄、猪舌、猪肝。猪肺要去除气管，清洗干净，放入沸水中浸泡 15 min，捞出用冷水清洗干净，沥干水分备用。将猪心切开，洗去血污后，用刀在猪心外表划几条树叶状刀口，把心摊平呈蝴蝶形。洗净后放入开水锅内浸泡 15 min，捞出用清水洗净，沥干水分待用。猪大肠的处理同香糟大肠的处理。将猪肚翻开洗净，撒上食盐揉搓，洗后再在 80～90℃ 温开水中浸泡 15 min 烫至猪肚转硬，内部一层白色的黏膜能用刀刮去时为止。捞出放在冷水中 10 min，用刀边割边洗，直至无臭味、不滑手时为止，沥干水分。用刀从肚底部将肚切成弯形的两大片，去掉油筋，滤去水分。猪腰（肾）整理方法与猪肝相同，值得注意的是，必须把输尿管及油筋去净，否则会有尿臊气。将猪爪去毛去血污，先放在水温 75～80℃ 的热水中烫毛，把毛刮干净。从猪蹄的蹄叉处分切成两块，每块再切成两段，放入开水锅煮制 20 min，捞出放到清水中浸泡洗涤。猪舌的处理同济南糟油口条处理方法。将猪肝切成三叶，在大块肝表面上划几条树枝状刀口，用冷水洗净淤血。其他两块肝叶因较小，可横切成块或片。洗净的肝放入沸水中煮 10 min，至肝表面变硬，内部呈鲜橘色时，捞出放在冷水中，洗净刀口上的血渍。

（2）煮制　将除去猪爪和猪肝的 6 样放入沸水中，加入大葱、姜，撇去表面浮沫，加入黄酒，用小火焖煮 1 h，再放入猪爪和猪肝，再焖煮 3 h，至大肠能用筷子插烂时，再改旺火煮，直至汤液变得浓稠为止，捞出八宝冷却好待用。

（3）糟制　先制作糟卤，即把香糟粉碎后放入黄酒中浸泡 4 h 左右，过滤所得滤液即为糟卤。然后将八宝放入锅中，加入原汤、食盐、味精后，用旺火煮沸然后停火，加入糟卤，晾凉后放置于冷库中 1 h，待凝成胶冻块时即可。

十五、糟头肉

1. 原料配方（以 100 kg 猪头肉计）

葱结 1 kg，香糟 10 kg，黄酒 10 kg，八角 0.2 kg，姜 1 kg，丁香 0.2 kg，味精 0.12 kg，花椒 0.12 kg，桂皮 0.12 kg，食盐 1.4 kg，白糖 0.6 kg。

2. 操作要点

（1）原料处理　将猪头先放在 75～80℃ 的热水中烫毛，刮净猪头上的残毛和杂质，再用清水去血污清洗干净，然后将猪头对半劈开，取出猪脑、猪舌，拆去头骨，洗净放入开水煮 20 min，去除部分杂质和异味，捞出放到清水中浸泡洗涤，肉汤留着备用。

（2）煮制　将猪头肉放入水中，大火烧开，撇去浮沫，加入葱结、姜片、黄酒等辅料，改用小火煮制 2～3 h，直至肉酥而不烂，捞出。

（3）糟制　先制作糟卤，即把香糟和黄酒、葱、姜、食盐搅拌均匀，过滤，即为糟卤。再把原肉汤撇净浮油，再加入各种香辛料和食盐、白糖、味精，大火烧开 2 min，离火冷却后倒入做好的糟卤内，搅拌均匀，即为卤汁。最后将猪头肉放入糟卤内浸制 3 h 以上。食用时，取出切块，再浇上卤汁即可。

十六、糟猪尾

1. 原料配方（以 100 kg 猪尾计）

葱 3.33 kg，味精 0.27 kg，香糟 13.33 kg，花椒 0.26 kg，黄酒 13.33 kg，桂皮 0.65 kg，八角 0.67 kg，食盐 5.16 kg，姜 2.56 kg，白糖 1.33 kg，丁香 0.65 kg。

2. 操作要点

（1）原料处理、煮制　将清洗干净的猪尾放入水中，大火烧开，撇去表面浮沫，放入葱结、姜块，用小火将猪尾烧至酥软，捞出用刀切成长 6.5 cm 左右的段。肉汤留着备用。

（2）制糟卤　把香糟、黄酒和适量冷开水搅拌均匀，然后过滤，所得滤液即为糟卤。

（3）糟制　在部分原汤中加入花椒、丁香、桂皮、八角、食盐、白糖、味精后，用大火烧开，保持 5 min 后离火冷却。最后倒入糟卤搅拌均匀，放入切好的猪尾，浸渍 4 h 左右，待其入味后，即为成品。

十七、糟猪蹄

1. 原料配方（以 100 kg 猪蹄计）

香糟 50 kg，味精 1 kg，花椒 0.1 kg，桂皮 1.5 kg，八角 0.5 kg，葱 2.5 kg，白糖 1 kg，黄酒 25 kg，食盐 6 kg，姜 2 kg。

2. 操作要点

（1）原料处理　原料处理同糟八宝制作中猪蹄的处理。将处理好的原料用清水煮到八成熟时捞出，放在容器内冷却。

（2）糟制　在沸水中加入食盐、白糖、花椒、八角、桂皮、葱、姜，维持 2 min 后倒入容器中，待冷却后再放入香糟，搅拌使其化成糊状，然后过滤，接收并澄清滤液。再在滤液中加入味精、黄酒，制成香糟卤。

再把冷却好的猪爪浸入糟卤中，置于低温条件下糟制 4～5 h 后即可食用。

第二节　鸡肉糟制品加工

一、糟鸡杂

1. 原料配方（以 100 kg 鸡杂计）

香糟 20 kg，食盐 3.5 kg，姜 2 kg，葱 2 kg，白糖 1.5 kg，丁香 0.5 kg，花椒 0.5 kg，黄酒 2.5 kg。

2. 操作要点

（1）原料处理　鸡胗剥去油，撕去硬皮，对半切开。鸡肝去除胆汁。鸡心切去心头。鸡肠剪开去净污物，用盐、醋反复搓洗，净水漂净，去除腥膻味。鸡肾撕去筋膜。鸡杂加工后用清水冲洗干净。

将鸡肾、鸡肠放入沸水中，加入葱、姜、黄酒烧开，煮熟后出锅。再把鸡胗、鸡肝、鸡心放入沸水中，当鸡肝、鸡心由红变白时捞出，最后捞出鸡胗。

（2）糟制　原汤过滤后，加入丁香、花椒、食盐、白糖，煮开后让其自然冷却。冷却后加入香糟和黄酒，搅拌均匀，过滤，所得滤液为糟卤。在糟卤中加入部分原汤搅匀，放入鸡杂，于低温条件下糟制 4 h。食用时改刀装盘，浇上糟卤即可。

二、古井醉鸡

1. 原料配方（100 kg 鸡肉计）

古井贡酒 4 kg，葱 2.4 kg，姜 2.4 kg，花椒 1.6 kg，食盐 0.4 kg，味精 0.16 kg。

2. 操作要点

（1）原料处理　选用健康的当年肥嫩母鸡作为原料。采用三管切断法将活母鸡宰杀，放尽血，用 63～65℃ 的热水烫毛，拔净鸡毛，不要碰破鸡皮。在鸡翅根的右侧脖子处开一个 1～2 cm 小口，取出鸡嗉囊；再从近肛门处开一个 3～5 cm 小口，掏净内脏，割去肛门，用清水冲洗，沥去水分，放置 7～8 h 后使用。

（2）煮制　将鸡放入烧开的沸水中煮制约 10 min，捞出后，用清水冲洗干净，剁去鸡头和脚爪。再把鸡体置于水中，水量以将鸡体浸没为好，大火烧开，撇去表面浮沫，转小火炖约 40 min，待鸡体达到六成熟时，捞出晾干水分。将鸡身沿背部一剖两半，再把半个鸡身平分两块，总共分成四块，置于容器中备用，鸡汤不能倒掉，留着备用。

（3）醉制 先把姜切成片，葱切成象眼块。在容器中放入冷鸡汤、味精、花椒、古井贡酒和葱、姜，搅拌均匀后，把处理好的鸡块放入，然后取一重物将鸡块压入汤中，把容器密封好，醉制约 4 h。在醉制过程中，切忌打开容器，使酒气外溢，影响风味。

醉制好以后，将鸡块取出，用刀切成长方条形，一只鸡约可切成 16 块；整齐地码放于容器内，形状如馒头。最后蘸上少许醉鸡的卤汁即可食用。古井醉鸡一般鲜销，也可以在 4℃ 左右的条件下适当保存或者将醉好的鸡采用真空包装进行保存。

三、五夫醉鸡

1. 原料配方（以 100 kg 鸡肉计）

姜 100 kg，食盐 24 kg，大葱 20 kg，茴香 1.2 kg，黄酒适量。

2. 操作要点

（1）原料处理 选用活重在 1.25 kg 左右的健康的当年鸡作为原料。将鸡采用三管切断法放尽鸡血，然后将鸡体放入 63～65℃ 的热水内浸烫后煺净羽毛，开膛后取出全部内脏，用清水洗净鸡身内外，沥干水分，待用。把葱切成段，姜拍松后切成块，待用。

（2）煮制 将处理好的白条鸡放锅内，添入清水，以淹没鸡体为度，加入处理好的葱、姜，用大火将汤烧沸，撇去表面的浮沫，再改用小火焖煮 2 h 左右，将鸡体捞出，沥干水分，趁热在鸡体内外抹上一层食盐，要求在刀口、口腔、体腔等部位均匀涂抹，保证食盐涂抹均匀。

（3）醉制 将擦过食盐的熟鸡晾凉，切成长约 5 cm、宽约 3.5 cm 的长条块，再整齐地码在较大的容器内（容器要带盖），最后灌入黄酒，以淹没鸡块为度，加盖后置于凉爽处，约 48 h 后即为成品醉鸡。

四、杭州糟鸡

1. 原料配方（以 100 kg 白条鸡计）

酒糟 10 kg，食盐 2.5 kg，（夏季 5 kg），50 度白酒 2.5 kg，黄酒 2.5 kg，味精 0.25 kg。

2. 操作要点

（1）原料处理 选用肥嫩当年鸡（阉鸡最好）作为原料。经宰杀后，去净毛，去除内脏备用。

（2）煮制 将修整好的白条鸡放入沸水中焯水约 2 min 后立即取出，洗净血污后再入锅，锅内加水将鸡体浸没，大火将水烧沸后，用微火焖煮 30 min 左右，将鸡体取出，冷却，把水沥干。将沥于水的鸡斩成若干块，先将头、颈、鸡翅、鸡腿切下，将鸡身从尾部沿背脊骨破开，剔出脊骨，分成 4 块，然后用食盐和少量味精擦遍鸡块各部位。

（3）糟制　将 1/2 配料放在密闭容器的底部，上面用消毒过的纱布盖住，然后放入鸡块，再把剩余的 1/2 配料装入纱布袋内，覆盖在鸡块上，密封容器。存放 1～2 天即为成品。

五、河南糟鸡

1. 原料配方（以 100 kg 鸡肉计）

食盐 5.5 kg，大葱 1 kg，香糟 15 kg，姜 1 kg，花椒 0.2 kg。

2. 操作要点

（1）原料选择与修整　最好选用当年肥嫩母鸡作为原料，采用三管切断法将鸡宰杀放血后，煺净毛，用清水洗净。在鸡翅根的右侧脖子处开一个 1～2 cm 小口，取出鸡嗉囊；再从近肛门处开一个 3～5 cm 小口，掏净内脏，割去肛门，用清水冲洗干净后待用。

（2）煮制　将整理好的鸡体放入沸水中用小火煮制 2 h 左右。煮制结束的鸡体出锅后，进行冷却，约需 30 min，鸡体冷却后，再剁去鸡头、脖子、鸡爪，将鸡肉切成 4 块。再把鸡肉块放入容器内，加入食盐 1.5 kg、花椒、大葱、姜，放入蒸箱，蒸至熟烂。取出蒸制好的鸡肉，去掉大葱、姜，放入密闭容器内，晾凉。

（3）糟制　先制糟卤，即在 60～100 kg 水中加入香糟和余下的食盐、葱、姜、花椒，用大火烧开，维持 10 min 左右，然后进行过滤，滤液即为糟卤。将糟卤倒入密闭容器中淹没鸡肉，密封好容器，鸡肉浸泡 12 h 左右后即为成品。

六、福建糟鸡

1. 原料配方（以 100 kg 鸡肉计）

料酒 12.5 kg，白糖 7.5 kg，高粱酒 5 kg，食盐 2.5 kg，味精 0.75 kg，红糟 0.75 kg，五香粉 0.1 kg。

2. 操作要点

（1）原料处理　选用当年的肥嫩母鸡作为原料，将鸡按照常规方法放血宰杀后，煺净毛，并用清水洗净，成为白光鸡。白光鸡经开膛，取净内脏后，再次清水洗净，剁去脚爪，在鸡腿踝关节处用刀稍拍打一下，便于后续加工操作。

（2）煮制　将整理好的鸡放入开水中，用微火煮制 10 min 左右，将鸡翻动一次，再煮 10 min 左右，直至看到踝关节有 3～4 cm 的裂口露出腿骨，即可结束煮制。煮制好的鸡体出锅后，冷却大约 30 min。然后剁下鸡头、翅、腿，再将鸡身切成 4 块，鸡头劈成两半，翅和腿切成两段。先把味精 0.3 kg、食盐 1.5 kg 和高粱酒混合均匀后放入密闭容器中，再把切好的鸡块放入，密封腌渍约 1 h，上下翻倒，再腌制 1 h 左右。

（3）糟制　把余下的味精、食盐以及红糟、五香粉和白糖加入到 12.5 kg 冷开水中，搅拌均匀。然后把混合汁液倒入腌制好的鸡块中，搅拌均匀后，再糟腌 1 h 左右即可。

七、南京糟鸡

1. 原料配方（以 100 kg 鸡肉计）

香糟 5 kg，绍酒 1.5 kg，香葱 1 kg，食盐 0.4 kg，味精 0.1 kg，生姜 0.1 kg。

2. 操作要点

（1）原料处理　最好选用健康的仔鸡作为原料，一般每只仔鸡的活重为 1～1.5 kg，然后采用三管切断法将鸡宰杀放血后，煺净毛，用清水洗净。再在鸡翅根的右侧脖子处开一个 1～2 cm 小口，取出鸡嗉囊，再从近肛门处开的 3～5 cm 小口，掏净内脏，割去肛门，用清水冲洗干净后待用。

（2）腌制　先在鸡体内外表面抹盐，腌制 2 h。

（3）煮制　腌制后将鸡体放于沸水中煮制 15～30 min 后出锅，出锅后用清水洗净。

（4）糟制　把香糟、绍酒、食盐、味精、生姜、香葱放入锅中加入清水熬制成糟汁。将煮制好的鸡体置于容器内，浸入糟汁，糟制 4～6 h 即为成品。此糟鸡一般为鲜销，须在 4℃ 条件下保存。

八、美味糟鸡

1. 原料配方（以 100 kg 白条鸡计）

香糟 10 kg，黄酒 6.67 kg，食盐 5.33 kg，白糖 3.33 kg，味精 0.33 kg，花椒 0.33 kg，姜 0.67 kg，大葱 1.33 kg，桂皮 0.33 kg。

2. 操作要点

（1）原料处理　最好选用当年肥嫩母鸡作为原料。然后采用三管切断法将鸡宰杀放血后，煺净毛，用清水洗净。在鸡翅根的右侧脖子处开一个 1～2 cm 小口，取出鸡嗉囊；再从近肛门处开一个 3～5 cm 小口，掏净内脏，割去肛门，用清水冲洗干净后待用。最后剁去鸡头、鸡爪、鸡翅，待用。

（2）焯水　将处理好的鸡体放入沸水中焯煮 10 min 左右，取出后，用冷水进行冷却。

（3）煮制　然后再将冷却后的鸡体放入沸水中焖煮 20 min 左右，捞出。

（4）糟制　首先制作糟卤，即在鸡汤中加入香糟、大葱、姜汁、花椒、桂皮、白糖、味精、食盐，用大火将汤汁烧开，维持 10 min 左右，然后进行过滤，所得滤液即为糟卤。将处理好的鸡体斩下鸡颈，将鸡体切割成两半，每片横向斩成 2 块，放入容器内，再倒入制备好的糟卤，糟卤需将鸡体淹没，糟制 3 h 左右即为成品。食用时斩块，浇上糟卤汁即可。

九、香糟鸡翅

1. 原料配方（以 100 kg 鸡翅计）

八角 0.5 kg，桂皮 0.5 kg，葱 3 kg，香糟 10 kg，姜 2 kg，绍酒 10 kg，白糖 1 kg，食盐 5 kg。

2. 操作要点

（1）原料处理　将鸡翅清洗干净放入沸水中，煮制 10 min，然后加入绍酒，煮至断生（指肉的里面不再是血红色），捞出，放凉。

（2）糟制　在把葱、姜、八角和桂皮放入水中煮沸，然后加入食盐、香糟、绍酒、白糖调好口味，断火，待汤汁晾凉后，放入煮好的鸡翅，腌制 24 h 即可。

十、香糟肥嫩鸡

1. 原料配方（以 100 kg 肥嫩鸡计）

冷开水 62.5 kg，香糟 25 kg，黄酒 12.5 kg，食盐 2 kg，白糖 1.25 kg，味精 0.3 kg，生姜 0.75 kg，香葱 0.25 kg，花椒适量。

2. 操作要点

（1）原料处理　最好选用当年肥嫩母鸡作为原料，肥嫩鸡宰杀以后，用 63～65℃的热水进行浸烫，拔净鸡毛，在鸡肛门处用尖刀开一小口，掏出全部内脏，洗净血水和污物，斩去鸡爪和鸡嗉，用小刀割断鸡踝关节处的筋。把洗净的鸡放入沸水中大火煮制 5 min 左右，然后改小火煮制约 25 min，至鸡体七八成熟时捞出。

（2）糟制　把香糟放在容器内，倒入冷开水，搅拌均匀，然后过滤得香糟卤，待香糟卤沉淀以后，取出上清液，并在其中加入黄酒、食盐、白糖、味精、花椒、香葱、生姜等，制成可使用的香糟卤水。

把煮熟的嫩肥鸡浸没在香糟卤水中，放在低温条件下，大约浸泡 4～6 h，使卤味渗入鸡肉后，即可取出食用。

第三节　鸭肉糟制品加工

一、糟鸭

1. 原料配方

嫩光鸭 1 只（大约 1.5 kg），糟卤 1 kg，精盐 15 g，绍酒 3 g，葱段 20 g，姜片 20 g。

2. 操作要点

（1）原料选择　选择当年嫩鸭进行宰杀，然后拔毛后清洗干净，在锅内清水烧开后放入鸭子稍煮一下，捞出洗干净皮上油沫，将锅里烫水撇净浮沫，再把鸭子放入。

（2）糟制　加入绍酒、精盐、葱、姜（拍松），用盘扣住鸭身不使漂浮在汤面上，盖上锅盖，改用小火煮 20 min 左右，煮熟捞出待冷备用。将鸭子斩下头颈，鸭身斩成 4 块，放入钵头里，加入糟卤淹没鸭身，盖上盖，送入冰箱里 4 h 左右即可食用。

二、糟汁鸭

1. 原料配方（以 10 kg 全净膛土麻鸭计）

（1）腌制料　花椒盐 500 g，D-异抗坏血酸钠 15 g。

（2）煮制料　清水 12 kg，食盐 200 g，白酒 50 g，白砂糖 50 g，味精 50 g，生姜 50 g，香葱 50 g。

（3）浸泡卤

① 香辛料　清水 3 kg，八角 5 g，白芷 5 g，草果 5 g，陈皮 5 g，白豆蔻 5 g，小茴香 5 g。

② 辅料　香糟卤 3 kg，黄酒 500 g，食用盐 200 g，白砂糖 100 g，乙基麦芽酚 15 g，山梨酸钾 0.75 g。

2. 操作要点

（1）原辅料预处理　选用优质土麻鸭为原料，在 −18℃ 贮存条件下贮存。解冻去除外包装，用流动自来水进行解冻，夏季解冻时间为 1.5 h，春、秋季解冻时间为 3.5 h，冬季解冻时间为 7 h。解冻后沥干水分，放在不锈钢工作台上用刀逐只进行整理、清洗，去除明显脂肪和食管、气管、肺、肾、血污等杂质。

（2）腌制　将腌制料混合后均匀撒在鸭身上擦透，干挂 2 h，用清水冲洗干净。

（3）煮制　按规定配方比例配制香辛料（重复使用 2 次，第一次腌制，第二次煮制）和辅料，添加 12 kg 清水，调整为 2～3 波美度，待水温 100℃时放进原料，保持温度在 90～95℃，时间 20 min，即可捞出沥卤，然后把老汤重新烧开，冷却后用双层纱布过滤，用专用容器盛装并盖上桶盖，留待下次使用。

（4）浸泡　预先配制浸泡卤液，熟化后的鸭投入到卤水中浸泡 12 h 左右，取出沥卤即成。

三、福式糟鸭

1. 原料配方

光鸭 1 只（大约 2 kg），麻油 100 g，精盐 10 g，味精 3 g，白糖 125 g，红糟 175 g，黄酒 50 g，高粱酒 25 g，五香粉 0.5 g，葱结 10 g，生姜 5 g。

2. 操作要点

（1）原料预处理　在光鸭的尾部开一刀，约长 5 cm，去掉内脏，洗净，放入开水锅内氽煮一下，以去除血水，用温热水洗净。

（2）制卤水　将炒锅置火上，放入麻油烧热，下入葱结、姜块煸香，取出葱、姜，放入红糟炒散，加入白糖炒匀后，烹入高粱酒、黄酒，加入清水、精盐、味精、五香粉，烧开后，关火让卤水自然沉淀后，用不锈钢 60 目网筛过滤成卤水。

（3）糟制　将鸭子放到卤水中一起烧，待鸭子颜色与糟色相一致时，收浓卤汁，将鸭子取出，拆骨，改刀装盘即成。

四、醉椒盐鸭

1. 原料配方

肥鸭 1 只，芦笋 100 g，食盐 10 g，葱 10 g，姜 4 g，花椒 4 g，料酒适量，黄酒 250 g。

2. 操作要点

（1）原料与处理　将鸭宰杀、放血、去内脏后清洗干净，然后将花椒 4 g 与食盐 10 g 炒熟，擦遍鸭面，置冰箱腌 1～2 h，取出洗净，备用。再将芦笋洗净切段，入锅煮沸，加盐，装盘，鸭置其上，加料酒、葱、姜，蒸熟，待凉后，将鸭斩块备用。

（2）糟制　将鸭切块后放置于碗中，加黄酒，放置 2 h 以上，沥去酒汁，排上笋块加入盘中即成。

五、啤酒蒸鸭

1. 原料配方

鸭子1只，鲜啤酒1瓶，植物油50 g，黄酒20 g，精盐5 g，味精1 g，葱段15 g，姜块15 g，胡椒粉少许。

2. 操作要点

（1）原料预处理　将鸭子的背部朝右平放在案板上，用刀从鸭子的屁股上方插入，沿着鸭子的脊背劈开至颈根处，用刀尖顺势把颈皮划开，取出内脏和嗉子，剁去鸭嘴、鸭掌和翅尖，然后用清水冲洗干净备用。

（2）煮制　将预处理好的鸭子放入锅内，加入凉水漫过鸭子后浸泡，放置于火上烧开，撇去浮沫，加入精盐、黄酒、葱、姜、胡椒粉，盖锅盖，用小火煮1 h左右。

（3）蒸制　将蒸制好的鸭子捞出晾凉，改刀切块，码入大砂锅内，倒入煮鸭子汤，再加入鲜啤酒、精盐2 g、味精调好味，把1张白纸蘸湿，封上砂锅盖口，上屉用旺火蒸1.5 h即为成品。

六、江苏糟鸭

1. 原料配方（以100 kg鸭肉计）

香糟10 kg，食盐5 kg，姜3.3 kg，绍酒1.7 kg，葱1.7 kg，味精0.2 kg，花椒0.1 kg。

2. 操作要点

（1）原料处理　选用新鲜当年的肥嫩活母鸭作为原料，按常规方法对鸭进行宰杀放血，拔净光鸭身上的绒毛，用清水洗净。再在鸭肛门下方处竖着开一约3.3 cm的小口，掏出内脏、气管、食管和鸭腹部脂肪，斩去鸭掌、鸭翅，然后用清水洗净血水和污物，沥干水分待用。

（2）煮制　把处理好的鸭体放入锅中，加入清水，清水的量要足以淹没鸭体，用旺火将水烧沸，撇去表层浮沫，煮制10 min左右即可。将煮制好的鸭体出锅，用清水洗净，沥去水分。在煮锅内加入绍酒、食盐、姜和葱等，再放入洗净的鸭体，用圆盘压住鸭身，盖上锅盖，用小火焖煮至七成熟，即可出锅。煮制好的鸭体出锅后，立即冷却。

（3）糟制　把香糟放入原汤中，搅拌均匀，然后过滤，滤液即为糟卤。取晾透的鸭体，切下鸭头、脖颈，剖开鸭体，剁成4大块，皮朝下一起排在容器中，加入食盐、味精、花椒、葱、姜，舀入原汤淹没鸭块，用重物压住鸭块，再倒入糟卤，密封好容器，然后放在4℃左右的低温条件下糟制约6 h即为成品。

七、醉香鸭肠

1. 原料配方

熟鸭肠 10 kg，小米辣椒 1 kg，白醋 500 g，食盐 400 g，白砂糖 100 g，白酒 100 g，味精 100 g，双乙酸钠 30 g，乳酸链球菌素 5 g。

2. 操作要点

（1）原料预处理　用流动自来水进行解冻，清洗去除杂质，然后用 1% 的食用盐、0.1% 的白醋反复搅拌，然后用 40℃ 的温水冲洗两遍。

（2）煮制　在 100℃ 的沸水中浸泡 2～3 min 取出，放入泡制卤中。

（3）浸泡　用 80 kg 冷开水依次放进辅料。食盐、小米辣椒、白醋、白砂糖、白酒、味精及食品添加剂（双乙酸钠、乳酸链球菌素）搅拌均匀，放入煮制后的熟鸭肠，浸泡 6 h 左右。

（4）沥卤称重　从浸泡卤中取出鸭肠，沥干卤汁，倒入不锈钢盘中，按不同规格要求进行包装。

八、合肥糟板鸭

1. 原料配方（以 100 kg 白条鸭计）

糯米 500 kg，白糖 25 kg，白酒 15 kg，高粱酒 7.5 kg，酒曲 5 kg，食盐 5 kg，味精 1 kg，姜、葱适量。

2. 操作要点

（1）原料处理　选用新鲜当年的肥嫩活母鸭作为原料，按常规方法对鸭进行宰杀放血，拔净光鸭身上的绒毛，用清水洗净。再在鸭肛门下方处竖着开一约 3.3 cm 的小口，掏出内脏、气管、食管和鸭腹部脂肪，斩去鸭掌、鸭翅，然后用清水洗净血水和污物，沥干水分待用。

（2）煮制　煮制前先把鸭体置于案子上，用力向下压，将胸骨、肋骨和三叉骨压脱位，将胸部压扁。然后放进锅中，添足清水，用大火煮制 30 min 左右，随后改用中火煮制，至七成熟时捞出。

（3）制糟卤　首先把米粒饱满、颜色洁白、无异味、杂质少的糯米进行淘洗，放在缸内用清水浸泡 24 h。将浸好的糯米捞出后，用清水冲洗干净，倒入蒸桶内摊平，倒入沸水进行蒸煮，等到蒸汽从米层上升时再加桶盖。蒸煮 10 min 后，在饭面上洒一次热水，使米饭蒸胀均匀。再加盖蒸煮 15 min，使饭熟透。然后将蒸桶放到淋饭架上，用冷水冲淋 2～3 min，使米饭温度降至 30℃ 左右，使米粒松散。再将酒曲放入（曲要捣成碎末）米粒中，搅拌均匀，拍平米面，并在中间挖一个上大下小的圆洞，将容器密封好，缸口加盖保温材料（可用清洁干燥的草盖或草席）。经过 22～30 h，洞内酒汁有 3～4 cm 深时，可除去保温材料，每隔 6 h 把酒汁用小勺舀泼在糟面上，使其充分酿制。夏天 2～3 天即可成糟；冬天则需 5～7 天才能成糟。再取煮鸭的汤，加入辅料，煮沸熬制 15 min 左右进行冷却，冷却后加入白酒和味精，混匀，再缓缓加入制好的糟中，制成糟卤。

（4）糟制　把煮制七成熟并沥干水分的鸭一层压一层叠入容器中，倒入制好的糟卤，糟卤要以能浸没鸭坯为度，并在鸭腹内放糟，糟制 25～30 天后即成糟板鸭。此产品可存放在密闭容器内，让糟卤淹没鸭体，密封容器口，可保存 1 年以上。

九、香糟肥嫩鸭

1. 原料配方（以 100 kg 光肥嫩鸭计）

冷开水 66.67 kg，香糟 33.33 kg，葱段 1 kg，白糖 1.67 kg，黄酒 1.67 kg，食盐 1.33 kg，姜片 1 kg，味精 0.33 kg，花椒适量。

2. 操作要点

（1）原料处理与煮制　最好选用当年肥嫩鸭作为原料，按常规方法对肥嫩鸭进行宰杀放血，拔净光鸭身上的绒毛，制成白条鸭。在鸭肛门处用尖刀开一个小洞，挖出内脏、气管、食管和腹脂，斩去鸭掌、鸭翅，洗净血水和污物，然后进行煮制。煮制时把鸭体放进锅中，添足清水，用大火煮制 30 min 左右，随后改用中火煮制，至鸭体九成熟时捞出。

（2）糟制　把香糟放在一只盛器里，倒入冷开水将其化开，过滤得香糟卤。然后在澄清的香糟卤中加入黄酒、食盐、白糖、味精、花椒、葱段、姜片等制成香糟卤水。最后把鸭体浸入香糟卤水中，糟制 4 h 左右，待糟味渗入鸭体后，即可结束糟制。糟制结束，将鸭体斩成块即可食用。

十、北京香糟蒸鸭

1. 原料配方（以 100 kg 鸭肉计）

食盐 0.6 kg，鸡汤 22.2 kg，干香糟 4.4 kg，香糟汁 2.2 kg，白糖 0.4 kg，葱段 2.2 kg，料酒 2.2 kg，姜片 2.2 kg。

2. 操作要点

（1）原料处理　选用新鲜当年的肥嫩活母鸭作为原料，按常规方法对鸭进行宰杀放血，拔净光鸭身上的绒毛，用清水洗净。再在鸭肛门下方处竖着开一约 3.3 cm 的小口，掏出内脏、气管、食管和鸭腹部脂肪，斩去鸭掌、鸭翅，然后用清水洗净血水和污物，沥干水分待用。

（2）煮制　把干香糟放入容器内，加入料酒和食盐，调成稠糊，均匀涂抹在鸭体内外表面，腌制5～6 h。腌好的鸭体用清水冲洗干净后，再放入开水里，煮至烂熟，即可捞出。

（3）糟制　将煮好的鸭体捞出放入容器中，加入食盐、香糟汁、白糖、葱段、姜片、鸡汤等，搅拌均匀。然后将盛有鸭体和调料的容器放入蒸箱进行蒸制1 h左右，取出冷却，即为成品。食用时，可剁成块，或剔骨后再切成片状。

第四节　鹅肉糟制品加工

一、苏州糟鹅

1. 配方

太湖鹅10 kg，陈年香糟250 g，大曲酒250 g，食盐20 g，味精10 g，白酱油10 g，葱30 g，黄酒300 g，花椒50 g，五香粉5 g，姜100 g。

2. 操作要点

（1）原料处理　选择活重2 kg以上的健康太湖鹅作原料。将鹅宰杀放血后，去净毛和内脏，用清水洗净，再将洗净的白条鹅放入清水中浸泡1 h左右，除去血污，使鹅体白嫩。

（2）煮制　将浸泡结束后，把鹅放入沸水中，使鹅体全部淹没，用旺火煮沸30 min左右。撇去表面浮沫和血污，再加入葱段、姜片、绍酒然后改为中火再煮沸40～50 min，刚熟时，即可捞出。捞出后，在鹅体上撒一些食盐，然后将鹅斩成鹅头、鹅掌，鹅翅和两片鹅身五部分，把斩好的鹅块放入干净的容器内冷却1 h左右，再把煮鹅原汤另盛于干净的可密封的容器内，撇净浮油和杂质待用。

（3）糟制　将陈年香糟、黄酒、大曲酒、花椒、葱、姜、食盐、味精、五香粉等加入原汤中，加热煮沸，过滤制成糟汁。然后再把糟汁倒进容器中，使糟汁渗入鹅肉中，糟制4～6 h，即为成品。

（4）成品保藏　糟鹅可置于4℃左右的条件下保藏，也可鲜销。

二、糟白鹅

1. 配方

活白鹅1只（约2000 g），黄酒200 g，香糟150 g，食盐100 g，大曲酒25 g，葱35 g，花椒5 g，姜35 g。

2. 操作要点

（1）原料预处理　糟鹅是选用太湖白鹅制作，因其成熟早、生长快、肉质好、羽毛纯白、体质强健。将活鹅宰杀后，收拾干净，放在清水中浸泡 1 h，泡出血后，捞出沥干。

（2）煮制　将光鹅放锅内，加清水适量，烧开撇去血污，加葱、姜、黄酒，中火煮熟。起锅后在鹅身上抹一些盐，切成大块。原汤撇净浮油和杂质，加入花椒、食盐、葱、姜，离火冷却备用。

（3）糟制　将切块冷却后的熟鹅平放在盆内，洒上大曲酒，倒入原汤适量，再倒进用纱布袋吊制的糟卤，盖紧盖子，让鹅块在糟卤内浸制 5 h 即为成品。

三、醉鹅掌

1. 配方

去骨鹅掌 10 只，姜片 75 g，水 50 g，绍酒 35 g，蒜 10 g，白砂糖 5 g，食盐 10 g，白醋 5 g。

2. 操作要点

（1）鸭掌洗净，用沸水煮约 5 min 取出洗净，浸在清水中 20 min，捞起沥干备用。

（2）烧开一锅水，下白醋、姜片、食盐和鹅掌煮约 25 min 取出。

（3）把绍酒、水、煮鹅掌的汤、白砂糖和蒜一同煮沸，待凉，放入鹅掌浸约 3 h。

四、太仓糟鹅肝

糟鹅肝是经过添加太仓糟油糟制而成，其色泽金黄，香味浓郁，肝肉软嫩，咸香适口，风味别致。太仓糟油是用酒浆配以各种香料入缸封藏数月后制成的液体调味品，具有酱色、糟香等特点，能解腥除异味、提鲜增香、开胃增食。

1. 原料配方（以 100 kg 鹅肝计）

鲜汤 130 kg，太仓糟油 5.17 kg，食盐 3.33 kg，白糖 1.33 kg，黄酒 0.26 kg，姜片 0.26 kg，葱结 0.26 kg，味精 0.39 kg。

2. 操作要点

（1）原料处理　选用新鲜的鹅肝，用刀剔除鹅肝上的筋膜，清水浸漂，再放入开水内焯水 2 min，除去血污和浮沫，捞出用清水洗净。

把鲜汤及适量清水混合，烧开，放入鹅肝煮制，同时放入葱结、姜片和黄酒，撇去血沫，煮至成熟，将鹅肝捞出备用。

（2）糟制　将原汤冷却过滤，除去杂质，撇去浮油，倒入太仓糟油，再加入食盐、白糖和味精搅拌均匀，制成卤汁。再将鹅肝放入卤汁中糟制约 3 h，即为成品。食用时，改刀成片或小块，浇上原味卤汁即可。

五、香糟鹅掌

1. 原料配方

鹅掌 500 g，黄瓜 10 g，香糟 250 g，大葱 50 g，黄酒 250 g，食盐 3g，樱桃 10 g，姜 10 g，鸡汤适量。

2. 操作要点

（1）原料处理　将鹅掌刮洗干净，斩去爪尖，用小刀剖开掌骨上侧，切去掌底老茧，黄瓜选择用皮。

（2）煮制　将锅上火，放入适量清水，下鹅掌焯透后用凉水漂凉，将鹅掌置于容器中，加入 10 g 黄酒、葱段、姜片和适量清水，上笼用中火蒸约 50 min，见鹅掌蒸至酥软时，稍凉，顺着刀缝，剔净鹅掌上的骨节。

（3）糟制　净锅上火，加入鸡汤、食盐，烧沸后晾凉，加入黄酒 240 g 和香糟搅拌均匀。将鹅掌切成稍粗的丝，整齐地码放于盖碗中，然后盖上纱布，把搅拌好的香糟放入盖碗的纱布中，摊上后再加盖，糟制约 3 h，揭去纱布和糟渣。取出鹅掌码于盘中，黄瓜皮切成 8 片秋叶，樱桃一剖两开，点缀于鹅掌四周即成。

3. 注意事项

（1）宜选用肉质肥厚的新鲜鹅掌，并刮洗洁净。

（2）鹅掌用旺火蒸至酥软后稍凉，以利剔去掌骨并尽量保持整形。

（3）香糟宜先装袋，再置于鹅掌上糟制入味。

第五节　其他糟制品加工

一、香糟兔

1. 配方

兔肉 10 kg，香糟 1.2 kg，酱油 0.15 kg，食盐 0.2 kg，蒜片 300 g，姜片 300 g。

2. 操作要点

（1）原料处理　将兔肉洗净，切成块状，放入沸水中焯水捞出。

（2）糟制　锅中倒入适量油，烧热后加入蒜片和姜片爆香，再加入兔肉翻炒，加入香糟，继续炒制，加入热水，没过兔肉，煮开，然后转小火煮至快干，加入酱油，翻炒均匀后即可出锅。

二、红糟羊肉

1. 原料配方（以 100 kg 羊肋条肉计）

清汤 133.33 kg，花生油 100 kg（实耗 33.33 kg），白萝卜 66.67 kg，黄酒 15.67 kg，红糟 9.33 kg，白糖 4.67 kg，姜 3.33 kg，淀粉 0.67 kg，食盐 0.93 kg，味精 0.36 kg，葱 3.33 kg。

2. 操作要点

（1）原料处理　选用新鲜优质的羊肋条肉，洗净后切成长 5 cm、宽 3.3 cm 的肉块。然后把羊肉放入沸水中，加入葱、姜，煮沸 5 min 左右，以除去血污和腥膻味，捞出后，放入清水中洗净，待用。将白萝卜洗净，切成大块，待用。

（2）炸制　先把花生油烧至七成热（200℃左右）时，再把羊肉块放入炸制，待表层微黄即可捞出，沥油后待用。

（3）糟制　先把葱、姜、红糟放入花生油中略微煸炒，然后放入羊肉块，加入黄酒、白糖、白萝卜进行煸炒，最后加入清汤、食盐、味精等，用大火烧开，然后改用小火烧煮 0.5 h 左右，烧至羊肉熟烂，拣去葱、姜、萝卜，最后用旺火加水淀粉勾芡，即为成品。

三、糟菜鸽

1. 原料配方（以 100 kg 光鸽计）

黄酒 5 kg，香糟 7.5 kg，食盐 1.75 kg，葱 0.75 kg，白糖 0.75 kg，姜 0.75 kg，花椒 0.25 kg，丁香 0.15 kg，味精 0.15 kg。

2. 操作要点

（1）原料处理　将鸽子去尽绒毛，剁去两足，从背脊处剖开，取出内脏，用冷水洗净。然后把洗干净的鸽子放入沸水中，焯水 5 min 左右，以去除血污和异味，捞出后冲洗干净。再把鸽子置于沸水中，撇去血沫，加姜片、葱结、黄酒，用小火烧至鸽子熟透，即可捞出。

（2）糟制　把香糟、黄酒及其余调料、香辛料放入原汤中，用大火烧开，冷却后过滤，制得糟卤。把煮熟的鸽子放入糟卤中糟制 4 h 左右，即为成品。食用时取出改刀或直接装盘均可。

第七章
蜜汁食品加工

●
○

第一节　蜜汁食品概述

在酱卤制品的加工工艺基础上，辅料中加重糖的分量，使产品呈现较强的甜味，即为蜜汁制品。蜜汁制品的质感大多数情况看以原料肉酥烂为特色。为了达到此要求，在生产过程中，对质地坚硬、不易成熟和形态大的原料肉，都要先进行蒸、煮等加工工序，才能进行蜜汁调制；而对质地细嫩、易于成熟和形态小的原料肉，则与调制甜汁同时进行，肉烂汁浓即成。

蜜汁制品的关键技术除常规酱卤制品原料处理和酱卤外，甜汁调制尤为重要。甜汁的特点是汁少黏稠，香甜，色泽透亮，一般都用绵白糖调制。调制方法有如下两种：一种是锅内放少许油，烧热后加糖，用中等火力稍加煸炒，炒至糖色转黄，改用小火熬至起泡，变稠，即可浇在加工好的原料肉上。色呈牙黄，十分透亮，这种做法类似"熘"。另一种是把糖和水同时入锅，烧开，熬融，撇沫，加入原料肉烧至原料肉酥烂，甜汁变稠，取出原料肉盛入盘内，再将甜汁继续小火熬至浓稠（有的还要勾芡），再浇在原料肉上。

上述两种调制方法均有两个关键，一是在熬糖的过程中，必须用中、小火力（切忌火力过旺），而且自始至终都用勺铲锅搅拌（防止粘锅烧煳），黏性适度。熬得不透黏性不足，浇在原料肉上不明不亮，易于流汤，吃口不爽；熬得过老过于黏稠，色泽深暗，浇在主料上，不但容易粘连在一起，口感较差，有损风味。二是原料肉的预制要十分注意，掌握不好，也加工不成出优质的蜜汁产品。

蜜汁肉制品的烧煮时间短，往往需要油炸，其特点是产品块小、甜味较重，多以带骨制品如猪腿肉、小排、大排、软排和蹄髈为原料制成。蜜汁肉制品表面发亮，多为红色或红褐色，制品鲜香可口，蜜汁甜蜜浓稠。

第二节 蜜汁肉类加工

一、上海蜜汁糖蹄

1. 原料配方（以 100 kg 猪蹄计）

食盐 2 kg，八角 3 kg，白糖 3 kg，料酒 2 kg，姜 2 kg，葱 1 kg，桂皮适量，红曲米少量。

2. 操作要点

（1）原料选择及整理 选用猪的前后蹄，烧去绒毛，刮去污垢，洗净待用。

（2）白煮 加清水漫过猪蹄，旺火烧沸，煮 15 min 后捞出洗去血沫杂质，移入另一口锅中蜜制。

（3）蜜制 锅内先放好衬垫物（防止猪蹄与锅底粘连），放入料袋（内装葱、姜、桂皮和八角），再倒入猪蹄，然后将白汤（白汤须先在 100 kg 水中加盐 2 kg 烧沸）加至与猪蹄相平。用旺火烧开后，加入料酒，再煮沸，将红曲米水均匀地浇在肉上，以使肉体呈现樱桃红色为标准。然后转中火，约烧 3 min，加入白糖（或冰糖屑），加盖再烧 30 min 至汤已收紧、发稠，肉八成酥，骨能抽出不粘肉时出锅。控干水放盘，抽出骨头即成为成品。

二、老北京冰糖肘子

1. 原料配方（以 100 kg 去骨猪肘计）

酱油 10 kg，绍酒 10 kg，姜 2 kg，葱 1 kg，蒜 1 kg，淀粉适量，蜂蜜适量，花生油适量，冰糖适量。

2. 操作要点

（1）原料处理 将肘子用火筷子叉起，架在火上烧至皮面发焦时，放入 80℃温水中泡透，用刀刮净焦皮，见白后洗净，用刀顺骨劈开至露骨，放入汤锅中，煮至六成熟捞出，趁热用净布擦干肘皮上面的浮油，抹上蜂蜜，晾干备用。

（2）油炸 炒锅内放入花生油，用中火烧至八成热时，将猪肘放入油内，炸至微红、肉皮起皱纹或起小泡时捞出，然后用刀剔去骨头，从肉的里面划成核桃形的块（深度为肉的 2/3）。

（3）蜜制 将肘子皮朝下放入容器内，然后放入碎冰糖、酱油、绍酒、清汤、葱结、姜等，上笼旺火蒸烂取出，扣在盘内，将汁滗入锅内，再加入少许清汤，用水淀粉勾芡成浓汁，加入花椒油，淋在肘子上面即成。

三、家制冰糖肘子

1. 原料配方

去骨猪肘 500 g，冰糖 100 g，姜 10 g，葱 5 g，酱油 5 g，蒜 5 g，料酒 5 g，食盐适量。

2. 操作要点

（1）原料处理　将猪肘刮洗干净，用刀在内侧软的一面剖开至刀深见大骨，再在大骨的两侧各划一刀，使其摊开，然后切去四面的肥肉成圆形。

（2）预煮　将猪肘放入开水锅里，煮 10 min 左右至外皮紧缩。

（3）蜜制　炒锅内放一只竹箅子，猪肘皮朝下放在上面，加水淹没，再加入料酒、酱油、食盐、冰糖、葱和姜。旺火烧开，加盖后小火再烧半小时，将猪肘翻身，烧至烂透，再改用旺火烧到汤水如胶汁。将猪肘取出，皮朝下放入汤碗，拣去葱、姜，把卤汁浇在猪肘上即可食用。

四、蜜汁小肉、小排、大排、软排

1. 原料配方（以 100 kg 猪腿肉、猪小排、猪大排或猪脯排计）

白糖 5 kg，酱油 3 kg，食盐 2 kg，绍酒 2 kg，酱色 0.50～1 kg，红曲米 0.2 kg，味精 0.15 kg，五香粉 0.1 kg。

2. 操作要点

（1）原料选择及处理　加工蜜汁小肉选用去皮去骨的猪腿肉，切成约 2.5 cm 见方的小块；加工蜜汁小排选用去皮的猪炒排（俗称小排骨）斩成小块；加工蜜汁大排选用去皮的猪大排骨，斩成薄片；加工蜜汁软排选用去皮的猪脯排（即五花肉下端软骨部分），斩成小块。

（2）腌制　将整理好的原料放入容器内，加适量食盐、酱油、黄酒，拌和均匀，腌制约 2 h，捞出，沥去辅料。

（3）油炸　锅先烧热，放入油，旺火烧至油冒烟，把原料分散抖入锅内，边炸边用笊篱翻动，炸至外面发黄时，捞出沥去油分。

（4）蜜制　将油炸后的原料倒入锅内，加上白汤（一般使用老汤）和适量食盐、黄酒，宽汤烧开，约 5 min 即捞出；然后转入另一锅紧汤烧煮，加入白糖、五香粉、红曲米及酱色，翻动，烧沸至辅料溶化、卤汁转浓时，加入味精，直至筷子能戳穿时即可。锅内卤汁撇清浮油，倒入成品上即可食用。蜜汁小肉的卤呈深酱色，俗称"黑卤"，可长期使用，夏天须隔天回炉烧开。

五、蜜汁排骨

1. 蜜汁排骨一

（1）原料配方（以 100 kg 猪大排计）

白糖 20 kg，青梅 10 kg，花生油 10 kg，玉米淀粉 5 kg，食盐 0.2 kg，0.1% 硝酸钠溶液适量。

（2）操作要点

① 原料处理　将猪排骨剁成 4 cm 长的段，加入食盐和 0.1% 硝酸钠溶液，待肉变红时，用水稍加冲洗，沥去水分，加入淀粉拌匀；将青梅切成 1 cm 见方的丁备用。

② 油炸　炒锅放旺火上，加入花生油，烧至七成热，将排骨下入炸至外层起壳时捞出。

③ 烧煮　将排骨倒入锅内，加水淹没，旺火烧开后转小火烧至六成烂时，捞出排骨，用水洗净。

④ 蜜制　将洗净的排骨放入锅内，加水烧开，再加白糖和青梅丁，烧至糖汁变稠时翻炒几下，即可出锅。

2. 蜜汁排骨二

（1）原料配方（以 100 kg 猪大排计）

老卤 50 kg，红曲米 8 kg，料酒 3 kg，白糖 10 kg，植物油 20 kg，酱油 5 kg，糖色 1 kg，食盐 1 kg，味精 0.6 kg。

（2）操作要点

① 原料处理、腌制　将排骨洗净，斩成小块，加入料酒、食盐、酱油拌匀，进行腌制，夏天腌 3 h 左右，冬天腌 1 天左右。

② 油炸　再将植物油烧热至冒烟，放入排骨炸至表面金黄，捞出沥油。

③ 蜜制　然后将油炸后的排骨倒入锅内，加入老卤、白糖、红曲米、糖色、黄酒及酱油，烧至排骨入味时，用大火收汁，不时翻动，加入味精，即可捞出装盘。将浮油锅内撇清，余卤浇在排骨上，冷却后即可食用。

六、上海蜜汁蹄髈

1. 原料配方

猪蹄髈 5 kg，冰糖屑或白糖 150 g，精盐 100 g，姜 100 g，黄酒 100 g，葱 50 g，桂皮 15 g，茴香 5 g，红曲米少量。

2. 操作要点

（1）原料的选择和整理　选择符合卫生检验要求的猪蹄髈，先将蹄髈刮洗干净，倒入沸水中焯 15 分钟，捞出洗净血沫杂质。

（2）煮制　锅内先放衬垫物，加入姜、葱、桂皮、茴香，再倒入蹄髈、汤（白汤每 50 kg 加盐 500 g，须先烧开），旺火烧开后加入黄酒，再烧开，将红曲米粉汁均匀地浇在肉上，直至肉体呈现樱桃红色为止。再转用中火，烧约 45 min，加入冰糖屑或者白糖加盖再烧 30 min，烧到汤发稠，肉八成酥，骨能抽出不粘肉时出锅，平放盘中，抽出骨头，即为成品。

七、蜜汁叉烧

1. 原料配方 [以 100 kg 猪肉（肥瘦比为 3∶7）计]

糖浆 10 kg，白糖 6.3 kg，汾酒 3 kg，食盐 1.5 kg，浅色酱油 3 kg，深色酱油 0.4 kg，豆酱 1.5 kg。

糖浆制法：用沸水溶解麦芽糖 30 份，冷却后加醋 5 份、绍酒 10 份、淀粉 15 份搅成糊状即成。

2. 操作要点

（1）原料处理、腌制　将猪肉去皮后切成长 36 cm、宽 4 cm、厚 2 cm 的肉条，放入容器中，加入食盐、白糖、深色酱油、浅色酱油、豆酱、汾酒拌匀，腌制约 45 min 后，用叉烧环将肉条穿成排。

（2）烤制　将肉排放入烤炉，烤时两面转动，用中火烤约 30 min 至瘦肉部分滴出清油时取出，约晾 3 min 后用糖浆淋匀，再放回烤炉烤约 2 min 即成。

八、蜜汁火方

1. 原料配方

带皮熟火腿肉 400 g，冰糖 125 g，绍酒 50 g，通心白莲 50 g，淀粉 15 g，糖桂花 2 g，冰糖樱桃 5 颗，蜜饯青梅 1 颗。

2. 操作要点

（1）原料处理　将通心莲放在 50℃ 的热水中浸泡后上蒸笼，旺火蒸酥待用。用刀刮净火腿皮上的细毛和污渍，洗净，然后将火腿肉面朝上放在砧板上，切成小方块，深度至肥膘一半，但要皮肉相连。

（2）蒸制　将火腿小方块放在容器中用清水浸没，加入绍酒 25 g、冰糖 25 g，上蒸笼用旺火蒸 1 h，至火腿八成熟时，滗去汤水，再加入绍酒 25 g，冰糖 75 g，用清水浸没，放入蒸熟的莲子；再上蒸笼用旺火蒸 1.5 min，将原汁滗入碗中，待用。将火方扣在高脚汤盘里，围上莲子，缀上樱桃、青梅。

（3）蜜制　炒锅置旺火，加冰糖 25 g，倒入原汁煮沸，撇去浮沫，把淀粉用清水 25 g 调匀，勾薄芡，浇在火方和莲子上，撒上糖桂花即可。

九、冰糖肉方

1. 原料配方（以 100 kg 猪肉计）

冰糖 33 kg，绍酒 3.33 kg，葱 3.33 kg，白糖 2 kg，姜 2 kg，食盐 1.33 kg，味精 0.67 kg。

2. 操作要点

（1）原料处理、煮制　将猪五花肉刮去皮层污物，洗净用洁布抹去水分，把铁叉平插入肉中，用微火将肉皮燎至呈金黄色，放入开水锅中煮 10 min，再用凉水冲泡 20 min 取出，用小刀将燉上的黄色浮皮轻轻刮掉，但不要刮破皮面。

（2）切块、复煮　把刮好的猪肉放在砧板上，用刀切成 2.5 cm 见方的块，深度到肉皮处为止，使每块肉都连在肉皮上，然后放入沸水锅中煮 10 min，捞出洗净。

（3）蜜制　把冰糖用开水溶化后倒入锅中，随即加入肉方，并用竹垫托住，放入冰糖汁中，再加味精、绍酒、葱段、姜片，用旺火烧沸，即改用微火炖到八成烂。将炒锅置小火上，放入白糖，炒至起泡发红时，倒入炖肉方的锅中，继续用微火炖至皮肉酥烂时，将肉方取出，再将原汤汁收稠，浇在肉方上即为成品。

十、糖酥排骨

1. 原料配方（以 100 kg 猪排骨计）

白糖 6 kg，黄酒 2 kg，丁香 0.13 kg，鲜姜 1.3 kg，葱 3 kg，酱油 2.5 kg，八角 0.2 kg，味精 0.2 kg。

2. 操作要点

（1）原料选择　选用经卫生检验合格的猪肋条排骨，排骨中骨肉比例为 1∶2。

（2）原料修整　把选好的排骨修割掉血块、血污、碎板油及脏物等，用砍刀将排骨剁成 3 cm 方形小块，洗涤干净，捞出控净水分。

（3）焯水　将洗净的小块排骨与清水共同下锅煮，撇净浮沫，待煮锅内水沸腾后即把排骨捞出，倒在筛子上控净水分。

（4）油炸　把植物油加热到 180℃左右，将排骨块放入炸制，并用铁笊篱或铁勺经常翻动，使排骨块炸得均匀，约炸 10 min 至排骨块呈明亮的黄色时即可，控净油。

（5）煮制　在煮锅中加入清水，把全部辅料（味精暂不加）和炸好的排骨倒入锅内煮制。煮时要掌握好火候，还要经常翻动，开锅后再用小火煮 60 min。待排骨全熟（肉不能烂，且不能脱骨）时加入味精拌匀后把排骨捞出，把锅中剩下的较浓稠的汤汁浇在排骨上拌均匀即为成品。

第八章
糖醋食品加工

○

糖醋制品的制作方法与酱制品基本相同，但需在配料中加入糖和醋，使制品具有甜酸味。

第一节　猪肉糖醋制品加工

一、上海糖醋排骨

1. 原料配方（以 100 kg 猪排骨计）

食盐 1～1.5 kg，料酒 3～4 kg，香醋 4～5 kg，白糖 4～5 kg，酱油 6～7 kg，淀粉 1.5 kg。

2. 操作要点

（1）原料选择及处理　选择骨肉比为 1∶2 的猪排骨为原料，然后将其斩成均匀的小块，并用水洗净。

（2）油炸　将洗净的排骨肉放入干净容器中，加入适量的淀粉、酱油、白糖和料酒，调和均匀后，在 170℃左右的油锅中炸 3～5 min。

（3）红烧　将油炸好的排骨放在锅内，加入酱油、料酒、食盐和香醋等辅料，加入少量水，用紧汤烧煮方法旺火烧沸，20～30 min 后，加入白糖，继续烧 10 min，使糖溶化，出锅即为成品。注意烧沸后要不断用铲上下翻动。

二、湖南糖醋排骨

1. 原料配方（以 100 kg 猪排骨计）

食盐 1.5 kg，白糖 10 kg，香醋 0.5 kg，味精 0.2 kg，辣椒粉 0.3 kg。

2. 操作要点

（1）原料选择与整理　选用猪子排骨，将软骨逐根切开，再横切成四方块，每块大小为 2～3 cm。

（2）腌制　将剁好的排骨按比例配盐，充分拌匀，腌制 8～12 h（夏季腌4 h），至肉发红为止。

（3）油炸　把茶油烧开（温度 110～120℃），把骨坯投入茶油锅内炸（以 4份油 1 份子排骨为宜），炸成金黄色时捞出。

（4）熟制　在锅内放 4～5 kg 清水，把辣椒粉放锅里煮出辣味，再放白糖和味精。炖出糖汁后，把炸好的排骨全部倒入锅内充分拌匀，再把醋倒在排骨上拌1 min 出锅即为成品。

三、哈尔滨糖醋排骨

1. 原料配方（以 100 kg 猪排骨计）

酱油 10 kg，白糖 9 kg，醋 8 kg，淀粉 4 kg，绍酒 4 kg，葱 1 kg，姜 0.5 kg，食盐 0.8 kg，桂皮 0.2 kg，味精 0.2 kg。

2. 操作要点

（1）原料选择及处理　要求用猪肋条排骨，排骨中骨肉比例为 1∶2。然后把选好的排骨剁成 2～3 cm 大小的块，用凉水洗净捞出，放在筛子里控尽水分。

（2）挂糊　在配料中取白糖 2 kg、食盐 0.8 kg、绍酒 2 kg、葱末 1 kg、姜末0.5 kg、淀粉 4 kg，装入容器内调好，然后把控尽水的排骨块倒进去，搅拌均匀，使每块排骨都挂上面糊。

（3）油炸　把油加热到 180℃左右，将排骨块投入锅内炸。油炸时需不断翻动排骨块，使其炸得均匀，约 10 min 左右，排骨外面呈深黄色即可捞出。

（4）熟制　把酱油 10 kg、醋 8 kg、白糖 7 kg、绍酒 2 kg、桂皮 0.2 kg、清水 2 kg 调和好，再放入炸好的排骨块，搅拌均匀后下锅煮，开锅后，火力要适当减弱，并要经常翻动，防止煳底。汤快收尽时加入味精，略炒后盛出，即为成品。

四、四川糖醋小排骨

1. 原料配方（以 100 kg 猪排骨计）

猪排骨 10 kg，白糖 2 kg，醋 2 kg，姜 0.2 kg，食盐 0.2 kg，老抽 0.4 kg，生抽 0.4 kg。

2. 操作要点

（1）原料处理　排骨洗净，切条，切姜下锅，煮到肉发白，加少许食盐调味，然后撇去浮沫，排骨煮到要脱骨时捞出。

（2）炒制　烧油，下姜片，然后放入排骨大火翻炒，炒至肉略至金黄捞出。用剩下的油加入白糖，炒糖色，放入排骨，加入生抽、老抽和醋，翻炒至糖浆黏稠出锅。

五、家制糖醋排骨

1. 家制糖醋排骨（上海）

（1）原料配方　猪大排 250 g，食用油 250 g，鸡蛋 1 个，白糖 75 g，食醋 25 g，番茄酱 25 g，食盐 2 g，料酒 10 g，淀粉 25 g，酱油少许。

（2）操作要点

① 原料处理及挂糊　将猪大排洗净后，切成 1 cm 厚的薄片，再切成长条，盛装碗内，加入料酒、食盐、酱油、鸡蛋液和干淀粉拌匀上浆待用。

② 油炸　将锅烧热后倒入食用油，烧至五成热时，逐一将排骨投入炸至七成熟时，捞起沥油。待油温升至七成热，再将大排复炸至金黄色，捞起沥油。

③ 烧制　在另一锅内加入适量清水、食盐、白糖、食醋和少量水淀粉，倒入已炸排骨，烧至卤汁稠浓并紧包排骨时，浇上少许刚烧过的油，即可出锅装盘。

2. 家制糖醋排骨（浙江）

（1）原料配方　猪子排 250 g，葱段 5 g，绍酒 25～30 g，酱油 25 g，食醋 35～40 g，白糖 40～45 g，食盐 1～2g，湿淀粉 50 g，面粉 25 g，香油 15 g，熟菜油 750 g（约耗 60 g）。

（2）操作要点

① 原料处理及挂糊　将猪子排洗净，斩成骨块。再将绍酒 4 g 和食盐混匀，湿淀粉和面粉各 10 g 加水适量拌匀，将排骨挂匀粉糊。

② 油炸　炒锅烧热，倒入熟菜油加热至六成热时，把挂好糊的子排分批逐块放入油锅炸至结壳捞出，将子排拨开以免粘连，捡去碎末，待油温回升至七成热时，再将排骨全部下锅复炸至外壳松脆，捞出沥去油。

③ 烧制　原锅留油少许，放入葱段煸出香味后捞去，放入排骨，立即将调好的芡汁（芡汁为酱油、白糖、食醋、绍酒加湿淀粉和水调制而成）倒入锅中，颠翻炒锅，淋上香油，即可食用。

3. 家制糖醋小排骨（四川）

（1）原料配方　猪排骨 400 g，葱段 10 g，熟芝麻 25 g，植物油 500 g，食盐 2 g，鲜汤 150 g，花椒 2 g，食醋 50 g，料酒 15 g，白糖 100 g，姜 10 g，香油 10 g。

（2）操作要点

① 处理猪排骨　斩成长约 5 cm 的节，入沸水中汆一下，捞出。

② 煮制　锅内烧水，放排骨下锅煮，加姜、葱、花椒、料酒，烧开后去浮

沫，继续改用中小火煮至排骨上的肉能脱骨即可捞出来沥干水分。

③ 油炸　锅置火上，放油烧到七成热（油面开始冒青烟），下排骨炸至棕红捞出。

④ 上色、醋制　将锅内油倒出，然后加鲜汤并用食盐、白糖调味（略有咸甜味）。糖色调色时用白糖加油炒至红棕色加水制成，如果颜色不佳，可以加酱油（不过会发黑）或是可乐辅助上色。然后放入排骨，用中小火烧至汤汁快干时，加食醋翻炒收汁，淋入少许香油翻匀即可起锅，也可以在起锅后撒上少许白芝麻装盘。

六、糖醋猪里脊

1. 原料配方（以 100 kg 猪里脊肉计）

面粉 40 kg，湿淀粉 16 kg，白糖 10 kg，酱油 10 kg，绍酒 6 kg，芝麻油 4 kg，葱 2 kg，熟菜油 30 kg（约耗 20 kg），食盐 0.4 kg，醋 12 kg。

2. 操作要点

（1）原料处理　将猪里脊肉切成 0.5 cm 厚的大片，用刀轻轻排剁一下，改成骨牌块入容器中，放入绍酒和食盐拌匀。湿淀粉 10 kg 和面粉拌匀成糊待用；酱油、白糖、绍酒、醋、湿淀粉 6 kg、水 10 kg 混合成糖醋汁待用。

（2）油炸　炒锅置中火烧热，下菜油烧至六成热（约 150℃时，将挂好糊的肉块入锅炸 1 min 捞出，待油温升至七成热（约 175℃时），复炸 1 min，捞出沥油。

（3）烧制　锅内留底油，放入葱段，煸出香味，肉块下锅，迅速将调好的汁冲入锅内，待芡汁均匀地包住肉块时淋芝麻油出锅即为成品。

七、糖醋猪肘

1. 原料配方（以 100 kg 带骨猪肘计）

米醋 35 kg，食盐 2.6 kg，酱油 11 kg，红糖 11 kg，黑胡椒 0.8 kg，月桂叶适量，蒜蓉适量。

2. 操作要点

（1）原料处理　将水、米醋、月桂、蒜蓉、红糖、食盐和黑胡椒粒放入锅内，搅拌使红糖、食盐溶化，然后放入猪肘浸泡入味。

（2）烧煮　旺火烧锅，水开后转用文火烧 1.5 h，如果中途汤水耗干，可添加开水再烧。然后放入酱油，加上锅盖，煮到用小刀尖刺肉不费劲刺穿时，再烧 30 min 即可出锅。取出后去掉猪肘上的胡椒粒和月桂叶，浇上剩余的汤汁即为成品。

第二节　其他糖醋制品加工

一、糖醋牛里脊

1. 原料配方（以 100 kg 牛里脊肉计）

食盐 1 kg，蒜 2.5 kg，酱油 2.5 kg，鸡蛋 37.5 kg，醋 12.5 kg，淀粉 20 kg，白糖 50 kg，面粉 5 kg，葱 1.25 kg，味精 0.5 kg，姜 1.25 kg，花生油 37.5 kg，牛肉汤适量。

2. 操作要点

（1）原料处理　淀粉加水适量搅匀成湿淀粉待用；里脊肉剔去筋膜，切成长 3 cm、宽 0.2 cm 的大片，放入容器中，然后加入 0.5 kg 食盐及味精拌匀；鸡蛋打入碗中，调打均匀，放入面粉、湿淀粉，调为全蛋糊；将白糖、食盐 0.5 kg、酱油、醋、牛肉汤和湿淀粉调和均匀待用。

（2）炸制　炒锅置于旺火上，热锅注入花生油，六成油温时，将牛里脊肉在全蛋糊中挂匀后逐片下油锅中炸至金黄色时，捞出沥油。

（3）烧制　热锅内留油适量，下葱姜蒜煸炒出香味后，将前述白糖、食盐、酱油、醋、牛肉汤和湿淀粉的混合液倒入，锅中沸腾、起小花时用勺推动，随后倒入炸制的里脊肉，淋入明油，即为成品。

二、糖醋肉鸭

1. 原料配方

肉鸭 100 kg，食醋 30 kg，食盐 2.5 kg，酱油 10 kg，白砂糖 10 kg，黑胡椒 0.8 kg，姜 5 kg，黄酒 6 kg，亚硝酸钠 15 g，D-异抗坏血酸钠 0.5 kg，复合磷酸盐 0.1 kg，葡萄糖 0.5 kg，乳酸（食品级）适量，月桂叶适量，蒜蓉适量。

2. 操作要点

（1）原料选择　选购健康、体壮，经屠宰放血完全的肉鸭，体重 2.0 kg 左右。符合兽医卫生和食品卫生。

（2）分割　去掉内脏、筋膜，并洗净滤干，切去头、腿、胸肉、翅（另行加工成其他产品），将余下胴体分割成 4～6 cm 大小块（带骨皮），除去不完整皮、筋膜、碎骨等。

（3）腌制　采用湿腌法。加入亚硝酸钠、D-异抗坏血酸钠、复合磷酸盐、食盐、葡萄糖等配成腌液，刚好淹没肉块，用乳酸调节 pH 值在 5.6～6.0 之间，置于 3～5℃低温下腌制。

(4) 上色、煮制　135～140℃油中加入白砂糖，炒至微黄时倒入已腌制好的肉块，拌至色泽微黄，均匀无泡时出锅。然后清水中加入拍碎姜块、白砂糖、食盐与已上色肉块一并煮制。起锅前 10 min 左右加入食醋、黄酒等共煮入味。

(5) 包装　入烘房或烘箱烘干，冷却至室温时用复合袋真空包装，即为成品。

三、西湖醋鱼

1. 原料配方

草鱼 1 条，生姜 5 g，葱 10 g，绍酒 20 mL，酱油 50 mL，白糖 100 g，淀粉 20 g，醋 50 mL。

2. 操作要点

(1) 原料处理　将草鱼去鳞、内脏，洗净后将鱼的两面均划上五刀。

(2) 煮制　在锅中放入葱姜片和清水，烧开后捞出葱姜，下入鱼用筷子把鱼鳍支起来，煮 3 min，撇去血沫并打入凉水两次。再次烧开水，加入酱油、绍酒、姜末，轻轻捞出鱼并码放在盘中。

(3) 调汁　在锅中加入醋、白糖和剩下的酱油，烧开后加入淀粉，烧至汤汁浓缩黏稠。

(4) 浇汁　将制作好的汤汁均匀地撒在鱼身上，再撒上剩余的姜末即为成品。

四、糖醋脆皮鱼

1. 原料配方

鲜鱼 1000 g，植物油 70 g，酱油 45 mL，料酒 20 mL，醋 50 mL，胡椒粉 2.5 g，食盐 6 g，味精 2 g，白糖 100 g，葱花 10 g，姜米 5 g，蒜泥 15 g，淀粉 15 g。

2. 操作要点

(1) 原料处理　将鱼去鳞、鳃，净腔洗净，两面打成牡丹花刀，用葱、姜(拍碎)、食盐、料酒、胡椒粉腌入味后拣除葱、姜，用水淀粉挂糊，干淀粉拍好。

(2) 油炸　油烧至 7 成热时，鱼下锅炸熟，取出。待油热至 8 成时将鱼复炸至酥脆装盘。

(3) 勾芡　锅留底油，下葱花、姜米、蒜泥、酱油、食盐、料酒、胡椒粉、味精、白糖、醋，待汁开时勾芡，冲入沸油，将汁浇匀在鱼身上即成。

五、糖醋鱼

1. 原料配方

黄鱼（也可用草鱼、鲤鱼等）750 g，白糖 125 g，醋 50 g，金糕、青梅各 5 g，葱 10 g，姜 10 g，食盐 3g，料酒 15 g，酱油 10 g，油、淀粉、姜汁各适量。

2. 操作要点

（1）原料处理　将鱼去鳞、鳍、鳃，内脏洗净，鱼身两侧每隔 2 cm 切一刀至鱼骨，然后顺骨切 1.5 cm，使鱼肉翻起。

（2）油炸　金糕、青梅切小丁用开水略烫；起锅放油烧 7～8 成热，投入挂淀粉的鱼微火炸透，捞厨房盘中。

（3）调汁　锅留底油烧热，加入葱、姜末爆香，葱、姜末捞出，放入酱油、白糖、食盐、料酒、醋，烧开淋水淀粉制成糖醋汁，浇在炸好的鱼上，再撒青梅、金糕丁即可。

[1] 曾洁，刘骞.酱卤食品生产工艺和配方.北京：化学工业出版社，2014.

[2] 张海涛，郝生宏.酱卤腌腊烧烤食品加工.北京：化学工业出版社，2021.

[3] 赵改名.酱卤肉制品加工.北京：化学工业出版社，2008.

[4] 高海燕，李竹生，马永生.禽类食品生产.北京：化学工业出版社，2016.

[5] 严泽湘.酱卤食品加工技术.北京：化学工业出版社，2017.

[6] 乔晓玲.肉制品精深加工实用技术与质量管理.北京：中国纺织出版社，2019.

[7] 王卫.现代肉制品加工实用技术手册.北京：科学技术文献出版社，2002.

[8] 高海燕.鹅类产品加工技术.北京：中国轻工业出版社，2010.

[9] 靳烨.畜禽食品工艺学.北京：中国轻工业出版社，2004.

[10] 于新，赵春苏，刘丽.酱腌腊肉制品加工技术.北京：化学工业出版社，2012.

[11] 于新，李小华.肉制品加工技术与配方.北京：中国纺织出版社，2011.

[12] 王玉田，马兆瑞.肉品加工技术.北京：中国农业出版社，2008.

[13] 岳晓禹，李自刚.酱卤腌腊肉加工技术.北京：化学工业出版社，2011.

[14] 彭增起.肉制品配方原理与技术.北京：化学工业出版社，2007.

[15] 彭增起.牛肉食品加工.北京：化学工业出版社，2011.